看懂
食物標籤

增訂版

鄺易行博士　著

萬里機構

序
（增訂版）

一場疫情將很多人的生活和飲食習慣都改變過來。這些改變，其中一些可能會在疫情過後還原，另一些卻可能是永續的。飲食方面，很明顯「叫外賣」這個行為變得普及。亦因為待在家中的時間多了，在發達的互聯網幫助下，很多人勇於嘗試自家製作不同食品，麵包、糕點便是其中例子。記得在疫症初期，很多超級市場的麵粉都賣斷市，賣烘焙材料的小商店更是生意大好。在家的時間增加，多了在家用原材料製造食品，可算是因為疫症而產生的少數好處之一。

超級市場方面，可見到新的潮流是售賣多了已做好的餸菜。這些方便的食品，賣相吸引，價錢大都便宜，但詳細標籤卻欠奉，無法知道這些食品有甚麼添加劑，如鈉、糖分、色素等。而冷凍食品的銷量也大增，因為這類食品的冷凍和包裝技術近年大幅改進，質素其實不錯，很多時烹調後食味與用新鮮材料煮的分別不大。此外，精製食品也越來越精製。以往可能只是售賣一包已洗淨的米給你，買回來加水已可以烹調，現在賣給你的是一包已煮熟的米，一叮（以微波爐加熱）便可以吃。更進一步便是磨碎了的米粉，沖水便可進食。

方便食品肯定會越來越多，我們唯一可以做的是深入了解如何做一個精明的消費者。

本書自 2009 年出版以來，分別於 2010 及 2018 年推出修訂版，累計售出逾 10,000 冊，得到廣大讀者的認同及支持，本人在此致以萬二分謝意！

　　應出版社之邀，是次增訂版更新了最新的資訊，並增加了二十多種市面上最新的食品，祈望讀者繼續關注飲食健康！

前言

越來越多人因為工作忙碌，不喜歡花太多的時間由原始材料開始準備食物。為求方便，很多時都會購買一些已做好的「方便」餐，而且愈方便愈好。現時最受消費者歡迎的「超」方便食品，就是可以在原來的包裝中，用微波爐「叮」熱便可食用，連「碗」也不需要用一隻，便可解決一餐。

事實上，用於食品的「科技」不斷「進步」，由品種的改良（基因改造）、種植時用的肥料（化學肥）、添加劑的研發（色素、防腐劑）、包裝中的物料（含雙酚 A 物料），以致消毒的過程（輻照），每一個涉及的步驟，只要有機會可以增加食品對消費者的吸引力或減低成本，生產商都會樂於採用。

理論上，在用於生產食品之前，新的技術、素材等均必須得到科學數據支持產品的安全性。但很多時候，負責研究的單位都是受僱於生產商的，所以說服力成疑之餘，用途亦不大。因為通常研究只限於短暫性的確立，而忽略了長遠食用對健康的影響，但這並不是說後者的數據是完全沒有的。

不幸的是，這些「長遠」數據多來自廣大的消費者。我們就是實驗中的白老鼠，給製造商、立法機構提供最可靠的「長期食用對健康影響」的重要數據，例子實在太多了。大豆油、芥花籽油等北美出產的油脂非常便宜，但卻不穩定，不能重複使用、造出來的食物食用期又短。為了能充分利用這資源，上世紀 60 年代開始，食品生產商利用了科學家研發的氫化油脂技術，將這些油氫化，成為半固體的油脂。好處是油變得穩

定，非常適合用作食品加工；但這技術也同時製造了反式脂肪。我們食用含反式脂肪的食品達 40 多年了。近年，大量的科研數據指出反式脂肪的害處，如大大增加患上肥胖症、心血管疾病等的機會。終於，在消費者權益組織的推動下，各國政府立法要求食品製造商在食物標籤上列明反式脂肪的含量；更有國家全面禁止售賣含反式脂肪的食品。這樣的故事其實不斷地重複又重複，例如用作甜味劑的阿斯巴甜、基因改造食品等，科學家也是近年才開始了解它們對人類健康的害處，但它們已大量滲入我們食物鏈中。

消費者對於這些食品也不是絕對被動的，如果能充分利用食物標籤上的資料，我們可以作出有根據的決定，選擇甚麼才「吃下肚」。食物標籤是生產商向消費者傳遞資訊的主要渠道，其中的資料非常多，並不是所有人都有時間去「消化」。希望這本書能幫助消費者掌握這些資訊，令決定來得容易一點。當然，一些不應在食品中出現的東西是我們在標籤上找不到的，例如三聚氰氨；要避免，就得依賴生產商的自律和政府的警覺性了。另外，一些現時還未有在標籤上列明而極有可能影響健康的素材，如基因改造食品，便得靠消費者權益組織的努力，迫使政府立法，還給我們選擇權了。

寫這本書，原意絕不是叫大家甚麼也不要吃，而是希望消費者看後懂得選擇比較健康的食物。當然，更加不是要戒吃所有「不健康」的食物。我也會偶爾喝幾口「可樂」（不會喝無糖的）；吃一碗「公仔麵」（但不會喝湯）；一個鮮菠蘿油（當然是真正的牛油，用反式脂肪的植物油就不吃也罷）。偶一為之，是人生樂事。要知道「開心」對健康太重要了，千萬不要給自己太大的壓力，甚麼都不吃。

最後，方便是有代價的；而這代價遠遠不止於食品的價錢，我們的健康，以致環境的付出亦不少，大家還需小心選擇。

目錄

如何使用
這本書

　　這本書分為三部分：第一及第二部分是針對不同類別的食品，解讀食物標籤和了解常見食物添加劑。本書目的不是提供一個「可以食」的產品目錄，只是指出在選擇各類食品時，最值得留意的重點。其實並不是購買所有食品時要留意的地方都相同，例如，購買植物油時，我們不會找成分中有沒有膽固醇，因為膽固醇是動物脂肪才有的，不會在植物油脂中出現。又例如，買糖果給小孩時，是可以找一些沒有化學色素的，因為這些色素有可能令到他們過度活躍。除了成分之外，較少人留意但絕對影響健康的，便是用來包裝食物的物料了。不要以為那是我們不會吃的部分，無礙健康，其實，化學轉移會將包裝物料（通常是塑料）的毒素轉移至食物中，煮食方法亦會令轉移的效果加劇：這些毒素能模仿人類的雌激素，擾亂性荷爾蒙的平衡，增加患上各類癌症的機會呢！

　　第三部分是介紹預先包裝食品上各種標籤的資訊，其中包括的範圍很廣，除了消費者較為熟悉的食品成分表和營養資料，還有關於材料的質素、包裝食品的物料和製造過程的質量監控等。更有一些是在標籤上找不到的，例如鮮為消費者所知的輻照食物（以輻射照射食物作為將食物消毒的手段其實已非常普遍）。最終的目的是希望提供的資訊能幫助消費者更有效率地行使選擇權。

如何選擇 包裝食品

以下是一些消費者在選擇預先包裝食品時可以考慮的地方。要知道，我們不是沒有選擇，而是必須懂得選擇和作出選擇：

1. 是食物嗎？

一些在市面上售賣的食物基本上談不上是食物，試想想，一瓶橙紅色的飲品，原料包括：色素、葡萄糖、咖啡因、防腐劑和水。這產品的售賣的市場定位是「健康飲品」。這正是我們稱作的 Non-food，非食物，不吃、不飲也罷！

2. 閱讀標籤

標籤是我們唯一可以得到有關食品資訊的地方，請不要放棄這個寶貴的知情權利。細心閱讀，會發現原來我們是有選擇的。

3. 本地食品

選擇食用本地的新鮮食品，可以讓我們避免很多不必要的添加劑加工步驟，例如防腐劑，或以輻照作為抗發芽（Anti-sprouting）等激烈手段。

4. 包裝物料、煮食方法

很多時，有問題的不是食物本身，而是煮食的方法令包裝的物料轉移至食物中，而這些物質卻對健康有害。

5. 「無益唔緊要，最緊要無害」

最大的關注應集中在食物是否有危害健康的元素，而不是有沒有「有益」的東西，故不要讓那些聲稱、正面標籤等分散注意力。

6. 爭取消費者權利

怎麼可以放甚麼入口也不知道的呢？我們對購買到的食物是有絕對的知情權。而對健康有害的，例如基因改造食品，應盡力爭取立法。

7. 盡量找尋資料

除了標籤之外，還有很多渠道，如書本、雜誌、互聯網、產品單張等可以找到有關食物的資訊。

1.

解讀食物標籤

NUTRITION FACTS
LINALEIC ACID
PHOSPHOLIPID
ARGININE
CYSTINE
TRYPTOPHAN
TAURINE
NUCLEOTIDE
OLIGOSACCHARIDE
CALCIUM
PHOSPHORUS
IRON
SODIUM
POTASSIUM
MAGNESIUM
CHLORIDE
MANGANESE
COPPER
ZINC
IODINE
FAT
COLOUR
PROTEIN
ENERGY
FIBRE

1.1
食物標籤和營養標籤

食物標籤（Food Label）

　　與其他國家及地區一樣，在香港售賣的預先包裝食品均必須附有一個依照食品法典訂立的食物標籤（見圖），內容包括：

a. 產品名稱

b. 食物的重量

c. 成分表及添加劑：成分表包括主要成分，由多至少排列，亦必須包括一些可引致某些人敏感反應的致敏源。而添加劑則必須附上所屬類別的名稱和國際添加劑編號（如色素 110 見 2.1、防腐劑抗氧化劑見 2.2、甜味劑見 2.3、增味劑見 2.4）。

d. 食用日期：製造商能保證食品質素的期限

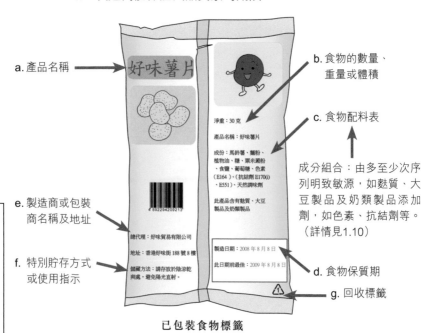

a. 產品名稱

b. 食物的數量、重量或體積

c. 食物配料表

成分組合：由多至少次序列明致敏源，如麩質、大豆製品及奶類製品添加劑，如色素、抗結劑等。（詳情見1.10）

e. 製造商或包裝商名稱及地址

f. 特別貯存方式或使用指示

d. 食物保質期

g. 回收標籤

淨重：30 克

產品名稱：好味薯片

成份：馬鈴薯、麵粉、植物油、糖、粟米澱粉、食鹽、葡萄糖、色素（E164）、(抗結劑 E170(i)、E551)、天然調味劑

此產品含有麩質、大豆製品及奶類製品

總代理：好味貿易有限公司

地址：香港好味街 188 號 8 樓

儲藏方法：請存放於陰涼乾爽處，避免陽光直射。

製造日期：2008 年 8 月 8 日

此日期前最佳：2009 年 8 月 8 日

已包裝食物標籤

e. 地址（製造商或進口商）

f. 食用方法或貯存方法

g. 回收標籤（見 1.7）

h. 有機認證（如適用，見 1.8）

小心包裝上的「聲稱」

聲稱可分為以下各類：

- 營養素聲稱，如低糖、低脂、高鈣等。
- 營養素比較聲稱，如比其他產品低 70% 脂肪。
- 營養素功能性聲稱（正面），如果食物某些元素的含量高，會有利健康，例如：纖維（有助腸道健康）。
- 營養素功能性聲稱（反面），如果某種元素的含量較低，會有利健康，例如：鈉。
- 正面標籤（Positive Labeling），例如「含基因改造元素」。
- 反面標籤（Negative Labeling），例如「不含基因改造元素（Non-GMO）、不含反式脂肪、有機（即不含基因改造、沒有人造色素、防腐劑、沒有輻照等）」等。

食物標籤的原意是為消費者提供有關食品的各種資訊，如成分、食用日期、營養資料等。但除了這些法定要求之外，在標籤上，還有很多生產商自願提供的其他資訊，又或有關產品的各種聲稱。這些用作招徠的技倆，用意是吸引消費者的注意力，好讓購買的決定來得容易一點！而事實上，這種策略通常都會非常成功地吸引消費者，甚至令他們忽略食品中的其他元素；例如減肥的人士，每當見到標示着低脂聲稱的食品，便會甚麼其他因素也不理會，買回去安心食用。但原來剔除大部分的脂肪，會令食物的風味大減，故大部分低脂食品中，糖或鈉的含量通常會較高，以彌補因減少脂肪而失去的味道，對控制體重其實一點好處也沒有。

所以各國及地區對標示聲稱的食物標籤的要求都會較高。例如，香港的營養標籤是不需要列明膽固醇含量的，但如果產品作出有關脂肪的聲稱，如「低脂」，那麼標籤上就必須列明食品中有多少膽固醇。

很多消費者團體均對食物標籤上的聲稱部分有很大的意見，認為有誤導消費者之嫌，以下是幾個例子：

1. 沒有膽固醇的植物性食品（膽固醇是不會在植物性的食物中出現的）。

2. 低脂，但原來高糖。

3. 低糖，但原來用的是害處比白糖更大的化學糖。

4. 似是而非的聲稱。現時很多食油生產商將平價的油與橄欖油混在一起，然後以「健康油」作推廣。「健康」當然可以賣貴一點，但這些油是否真的比較健康，實在有很大的疑問。

營養標籤（Nutrition Label）

營養標籤的歷史其實並不長。最早推行營養標籤法的國家是以色列，於 1993 年開始實行，而美國則是 1994 年才實行。因應不同國家的需要，所標示營養素的數目和種類都不同。例如以色列的只包含最基本的能量和三種營養素，即蛋白質、碳水化合物和脂肪。美國的營養標籤就有 14 種之多，除了營養素之外，還包括數種維他命。至於本地的營養標籤法，在 2010 年 7 月 1 日才正式生效，其包含食品的能量和 7 種營養素：蛋白質、碳水化合物、總脂肪、飽和脂肪、反式脂肪、糖和鈉（見 P12 圖）。

食用份量 ※

食用份量多少是有一個特定的標準，每一種食品都不同，通常是一些容易度量的單位，例如杯、片等轉化成重量（克）。

卡路里

主要提供熱量的營養素，包括蛋白質、碳水化合物和脂肪：
1 克脂肪 = 9 卡路里
1 克蛋白質 = 4 卡路里
1 克碳水化合物 = 4 卡路里

膽固醇

香港的 1+7 營養標籤法是不需要列明膽固醇含量的。但如果食品包裝上有任何有關膽固醇或脂肪的聲稱，那食品就必須列明含量。

纖維

食用纖維也不是法例營養標籤中上列明需要包括的。但如果有有關纖維的聲稱，就必須包括這一項。食用纖維有分水溶性纖維和非水溶性纖維的。水溶性的不為消化系統所消化，而在大腸中被腸內的益菌代謝，其熱量大約是每克 2 卡路里。而非水溶性纖維則不會被消化，是不會提供任何熱量的，但會為糞便提供體積（Bulk）。

糖

糖，包括所有單糖或雙糖，可以是材料之一或食品中天然的糖分，包括乳糖、蔗糖、葡萄糖、蜜糖等。而成分表中的份量，是反映了所有的糖分。要留意的是一些產品特別聲稱不加糖分（No Added Sugar），但其實本身已有非常高水平的天然糖（如果汁）。

油份卡路里

香港法例是沒有規定營養標籤列明來自油份的熱量。美國心臟協會（American Heart Association）的建議是日常攝取的卡路里中，來自油份的最好不超過30%，而來自飽和脂肪的最好不超過10%。

脂肪

百分比的數字是依照每日所需卡路里計算的。例如食品的總脂肪是10克，是每日可攝取脂肪（即65克）的15%。

反式脂肪

因為對健康極為不利，反式脂肪是一種攝取得愈少愈好的食物元素（故「%每天所需」一定是零）。標籤上列明零反式脂肪也並不表示食品一點反式脂肪也沒有。香港的法例是只要每100克含少於0.3克反式脂肪，便可以在標籤中列明含量是零。要知道有沒有反式脂肪，最好還是參考食品的材料表，如氫化植物油、人造牛油等素材。（見1.9）

維他命

維他命、礦物質等都是生產商自願性提供的。但如果有關於這些營養素的聲稱（例如高鈣、高維他命C）等，便必須在營養資料中列明這些食物元素的含量。

卡路里補充資料

這部分是輔助性資料，是根據食物金字塔的建議有關每人每日所需基本營養素。內裏的資料，只可作參考而已。每個人均要依照自己特殊的需要，例如年齡、性別、活躍程度、健康狀況等，計算所需的營養素。例如一個不怎樣活動的老婦，可能每日1,600卡路里便已足夠，總脂肪攝取量便應少於（1,600÷2000×65）=52克。

營養資料

食用份量1安士（28克／大約12片）
每盒所含食用份量6

每食用份量

卡路里150（千卡）　　　　油份而來卡路里90

	%每日所需*
總脂肪（克） 10	15%
飽和脂肪（克） 1	5%
反式脂肪（克） 0	
膽固醇（毫克） 0	
鈉（毫克） 190	8%
總炭水化合物（克） 15	5%
食用纖維（克） 1	4%
糖（克） 2	
蛋白質（克） 1	
維他命A	0%
維他命C（毫克） 1.2	2%
鈣	0%

*%每日所需是基於2,000卡路里的食物規定

	卡路里：	2,000	2,500
總脂肪	少於	65克	80克
飽和脂肪	少於	20克	25克
膽固醇	少於	300毫克	300毫克
鈉		2400毫克	2400毫克
總炭水化合物		300克	375克
食用纖維		25克	30克

每克營養素提供的卡路里

脂肪9　　　　蛋白質4　　　　碳水化合物4

由於在香港售賣的預先包裝食品由不同的國家輸入，故很多入口食品已經附有一個香港法例可以接受的營養標籤。營養標籤通常以「食用份量（Serving Size）」或「每 100 克」方式標示。例如美國的營養標籤所標示的食物份量是以「食用份量」作單位的；而歐盟生產的則用「每 100 克」作單位。其實，兩種表達方式對消費者都有一定的用途。食用份量讓消費者更容易比較同類食品的各種營素的分別，而每 100 克的表達方式則讓消費者容易計算攝取的卡路里。

　　圖中的標籤來自一個英國品牌，清楚列明每食用份量和每 100 克提供的卡路里，對消費者十分方便！（快餐店營養標籤見 1.12）

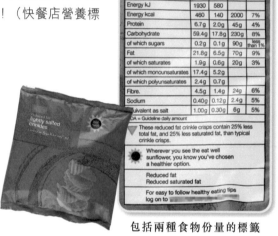

包括兩種食物份量的標籤

註：所謂食用份量，是指每人每次慣常食用的份量，是一些國家（如美國）所用的食物標籤用來表示份量的方式，而歐盟成員國則以每100克含量標示。其實，1994年之前，不同品牌的同一類食品，其標籤上的食用份量都可以不同。例如，A品牌的薯片，一食用份量是20 片、50克，而B品牌的卻是10片、30 克，對消費者來說，是十分不方便的。之後，美國食品藥品監督管理局（FDA）根據大型的普查（4歲以上）所得，才對食用份量這個概念作出明確的規範。例如，薯片的1個食用份量是1安士（28克），即大約14片薯片；汽水的食用份量約340毫升；麵包的食用份量是1片、米飯（熟的）的食用份量是1杯等。

1.2
基因改造食物

一直以來，人類的飲食文化不斷地改變。新的食材（如反式脂肪）、煮食方法（如微波爐、電磁爐）、添加劑（如化學合成色素、味精）等，均對我們的健康造成不同程度的衝擊。其中最新的改變，而又隱藏着很大危機的，可算是基因改造食品；這個比添加劑還要新的因素，自上世紀九十年代才進入人類的食物鏈。

在科學家開始研發基因改造食品的初期，大家都抱有很大的期望。希望這種技術會令植物長快一點、大一點、好味一點、價錢便宜一點；終有一天，會幫助解決人類糧食不夠的問題，但現實卻是另一回事！

改造了甚麼基因？

基因改造食品改動了甚麼基因呢？目前，90% 的基因改造植物都是針對防蟲、防病毒或抵禦除草劑。以下是兩種最常見的改造基因：

1. **防蟲毒素（名叫 Bt）基因**：這是源自細菌的基因，是負責製造對付害蟲的毒素。在美國種植的大部分粟米就是經過基因改造，加入了這個 Bt 基因。這樣做的其中一個後果是，環境中產生越來越多對這毒素有抗藥性的害蟲。久而久之，這本來天然的毒素便會失去效用。

2. **能抵抗除草劑的基因**：這是源自植物的基因。這基因製造的蛋白質幫助植物抵抗一種除草劑。這除草劑亦是由基因改造公司孟山都（Monsanto）提供的，叫 Roundup。含有這基因的植物叫 Roundup-ready。例如 Roundup-ready 大豆是種植量最高的基因改造植物。市面上很多大豆產品，如豆腐、豆漿等都含有這基

因（見 P19）。加入這基因，令大豆不怕被除草劑殺死，故農民往往用比正常需要用的份量多出 4 至 5 倍的除草劑，令這些植物積聚了不少這些除草劑。

基因改造食物「公認安全」

人類、牲畜長期食用基因改造食物，會否對健康造成影響呢？對環境的影響又怎樣呢？奇怪的是，這許多重大的問題，在推出基因改造食物之前，生產商以至政府均未有作出足夠的評估。事實上，大部分的研究都是有關食品的營養價值，但對於長期食用這些食物對動物和人類的毒性、對環境的影響等，資料卻是少之又少。

目前，世界衛生組織（WHO）和美國食物及藥物管理協會（FDA）均認為基因改造食物與天然食物沒有分別。FDA 更給予基因改造食品「公認安全」（GRAS）的地位。得到這個地位的食物，一般被視為安全，不需要動物測試安全性，亦不會跟進或調查人類食用後對健康的影響，但越來越多科學家發現基因改造的食品對人類健康的害處實在非常深遠：

- **肝、腎的傷害：**一份 2007 年的研究報告指出，一種基因改造的玉米品種（MON863）對實驗老鼠的腎、肝臟、紅血球細胞，以至血脂等，均有不良影響。

- **引致廣泛性食物敏感：**基因轉移不是一種精確的技術，轉移的基因或受體的基因在過程中會發生突變，而改變了甚麼，怎樣改變，科學家是無法百分之百可以控制的。因而產生出來的異常蛋白質，是我們人類免疫系統從未遇過的，極有可能引致敏感反應。事實上，有多個科學研究已證實這個可能性。

激發過敏症

一個 2005 年的動物實驗中，將豆（Bean）的基因置入豌豆（Pea）基因內，用作實驗的白老鼠本來是不會對豆或豌豆中的蛋白質產生過敏反

應的。但豆的基因可能在轉移的過程中改變了一點，又或是豌豆的基因亦改變了一點。結果是，白老鼠食用了給改造的豌豆蛋白質後，產生過敏反應。更可怕的是，給激發了的免疫系統竟然對本來沒有免疫反應的蛋白質——雞蛋蛋白質，亦產生了反應。這是一個匪夷所思但極具啟發性的實驗結果：食用基因改造的食物有可能會激發過敏反應，而且不只對該食物敏感，更有機會對其他食物，如雞蛋、堅果、海產類等產生敏感。

有調查發現，含基因改造成分的食品於 1999 年進入英國市場，一年後，科學家發現，對大豆敏感的人飆升了 50%。事實上，患上食物敏感的人在各國都有急升的趨勢。

滲透層面廣大

美國是對基因改造食品容忍度最高的國家，生產量最多，而大部分基因改造作物都是出口的。它們最大的用途包括作為綠色原料、精製食品的原料和動物飼料。歐盟成員國雖然非常抗拒種植基因農產品作人類食用用途（在歐盟種植的基因改造農作物委實不多），卻又購買大量的基因改造原料作動物飼料。其次最多種植的國家是阿根廷，而發展中的國家，如中國、非洲的一些國家等，近年亦加入種植基因改造農作物的行列。

主要的基因改造品種多數是一些產量非常大的農作物，如大豆、粟米、棉花等。約佔可耕種的農地的 15%。而因為這些農作物均是很多食品的原材料，以致大部分的精製食品都含有基因改造的原料。根據估計，現時超級市場中，含大豆、粟米等材料的食品佔 75% 之多。

減少進食基因改造食品

基因改造食物沒有經過長期的毒性測試，其對人類健康的衝擊有多大，大家還未完全了解。但有限的數據均指出這些食物對健康是不無影響的，小則輕微食物敏感，大則慢性毒害身體各個器官。可以肯定的

是，如果有選擇的話，消費者都會寧願不做試驗品，看看長期食用後會引致甚麼慢性疾病，或對小朋友的成長有沒有不良的反應。

有強制性標籤的國家，如歐盟各國，消費者一般都不會選擇食用含基因改造的食物，只會容許它們作牲畜的飼料或綠色能源的原料。

但因為本地沒有強制標籤基因改造食品，香港消費者要避免含基因改造的食物，只有兩個選擇：

- **選擇有獨立認證的有機食品**：作為有機食品的其中一個規定就是不可以含有基因改造的元素；但它們的價錢也可以非常驚人，因為實在太罕有了，一條外國入口的有機粟米可以是港幣數十元的！近年，也有本地有機農場種植的有機粟米，價錢當然比較合理。

- **反面標籤**：越來越多生產商利用反面標籤，標明不用基因改造的材料以吸引消費者；但這些大多沒有經過獨立認證的，故消費者其實沒有甚麼保障。

台灣豆腐產品

這款來自台灣的豆腐是少數標籤含基因改造大豆元素的食品。

✓ 不含農藥及非基因改造
✓ 不加防腐劑
✓ 香港製造

有敏感傾向的消費者可選擇不含基因改造成分的豆製品。

傳統雜交法與基因改造方法的分別

為了增加生產的效率——種植得多些、快些，或滿足消費者追求完美的心理 —— 體積大一點、質感好一點、不容易腐爛、蟲不會吃、營養好一點等等，市場都會不停找尋新品種的食物。要製造新品種的農作物有兩個方法：傳統的雜交法（Conventional Hybrid）和基因改造方法（Genetic Modification）。

兩種方法的結果都是一樣的，就是培植出擁有某些有用特徵的新品種，兩者都涉及改變植物本身的基因。它們的分別除了是手段之外，還有的是假如使用雜交法，新的基因來自與植物極相近的品種；而基因改造方法所置入的基因，是來自與植物本身沒有關係的機體，如細菌、病毒，甚至種物。

雜交在自然界本來就在不知不覺中進行，新的品種會時時刻刻出現。科學家在實驗室中，可以有系統地為相近的品種進行雜交，然後揀選有優良特徵的去種植。出產最多雜交品種的可算是一家名為Zaiger 的加州公司。過去三十年，這家公司將很多不同的果樹交配，如蘋果、杏、桃等，得出近百新品種。在市場上最受注目的要算是他們的桃（Peach）、李（Plum）、杏（Apricot）雜交成果，如李杏、桃李等。在超級市場中，也不時「發現」過一些以前從未見過的非杏、非脯的水果！

含基因改造大豆食品充斥市場

樣本名稱	採樣地點	產品標籤	註
中華豆腐	City'super	含基因改造	含 Roundup-ready 基因
中華豆腐	City'super	含基因改造	含 Roundup-ready 基因
中華豆腐	百佳		含 Roundup-ready 基因
中華豆腐	百佳		含 Roundup-ready 基因
百福豆腐花	百佳		含 Roundup-ready 基因
超值牌（日式嫩滑豆腐）	百佳		含 Roundup-ready 基因
First choice（蒸煮豆腐）	惠康		含 Roundup-ready 基因
百福鮮豆漿	惠康		
金光鮮豆漿	百佳	非基因改造成分	
鈣思寶大豆纖（黑芝麻味）	惠康		
豆漿皇	惠康	採用非基因改造成分	

資料來源：香港綠色和平

標籤

　　現時，已有 56 個國家／地區有不同程度的強制性標籤（見表）。香港政府在 2006 年中為業界提供了一個自願性標籤的指引。但綠色和平於 2007 年進行的一項調查中，抽查了 800 個在市場上售賣的樣本，只有一個「水貨」（即零售商不經經銷商進口而自行入口的）豆腐是有標示基因改造成分的，這證明毫無約束力的自願性標籤計劃是完全失敗。

已實施基因改造食物強制標籤的國家／地區包括：

非洲	亞洲	歐洲	北美	大洋洲	南美洲
南非	中國	歐盟27國	墨西哥	澳洲	巴西
喀麥隆	日本	瑞士	哥斯達尼加	新西蘭	智利
馬利	中國台灣	挪威			厄瓜多爾
模里西斯	印度	南斯拉夫			
	印尼	保加利亞			
	南韓	克羅埃西亞共和國			
	泰國				
	越南				
	菲律賓				
	俄羅斯聯邦				
	沙地阿拉伯				

資料來源：香港綠色和平

1.3
機能性食品

　　機能性食品是在上世紀 80 年代中由日本人首先提倡的概念，它是指如果長期食用某些食物，可以減少患上一些慢性疾病的機會，如癌症、糖尿病、心臟病等。除了食物之外，一些元素會被提煉出來作補充劑，例如三文魚的魚油。而近年來，越來越多生產商以這個標籤吸引消費者。

　　機能性食品有很多，但現時最流行的大概可歸納為以下兩個範疇：

作為奧米加3補充劑

　　必須脂肪酸有兩種：奧米加 3 和奧米加 6，均是人體不能製造而必須從食物中攝取的。很多科學研究證實，體內奧米加 3 與奧米加 6 的比

奧米加嬰兒奶粉

	Per 100kcal 每100卡路里
熱量，卡路里	100
蛋白質，克	2.1
脂肪，克	5.5
亞油酸，克	0.9
亞麻酸，毫克	90
花生四烯酸，毫克	34
二十二碳六烯酸，毫克	17
碳水化合物，克	10.5
泛酸，毫克	37
維生素A，國際單位	300
維生素D，國際單位	60
維生素E，國際單位	1.8
維生素K，微克	9
維生素B₁，微克	75
維生素B₂，微克	180
維生素B₆，微克	67
維生素B₁₂，微克	0.4

有奧米加 3
稱的標籤

嬰兒配方聲稱添加了DHA、ARA
等都是奧米加3和奧米加6必須脂
肪酸的衍生物。

例對健康非常重要。攝取太多的奧米加 6、太少的奧米加 3 會增加患上很多慢性病,如癌症、心臟病等的機會。因為食物質素和精製食品的問題,城市人的飲食多缺乏奧米加 3 。近年,很多精製食品均會聲稱加入了奧米加 3。

　　有一點要注意的,是奧米加 3 是一種非常不穩定的多元非飽和脂肪酸,它很容易氧化,變成有害物質,故不適宜加熱食用。

益生菌與益生素

　　我們的腸道有過億細菌,其中某些對健康有益,稱為益生菌(probiotic)或益菌;某些對身體有害的,稱為害菌。在健康的情況下,它們保持着平衡,益菌壓抑着害菌的生長,不讓它們佔據腸道中所有的位置,但在某些情況下,如感到壓力、服用抗生素、荷爾蒙分泌失調

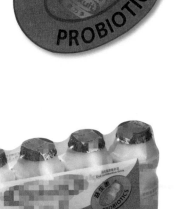

活性乳酸

益生菌
Probiotics

益生菌是指一種「活的微生物」,有助改善腸內微生物平衡,對人體造成有益作用。活性乳酸桿菌就是益生菌的代表菌種。
Probiotics are live micro-organisms which improve its host's intestinal microbial balance. Lactobacillus is a type of probiotics.

等，都會減低它們的數目。益菌不足夠的後果是大便質素不好（見 P28〈大便質素〉），甚至有便秘、腸道敏感等問題。假如希望益菌生長得好，是有兩個方法的：補充益菌的數目，即益生菌或補充益菌賴以生存的營養素益生素（Prebiotics）。

　　所謂益菌，在標籤上通常包括兩個菌種：乳酸菌（Lacto）和雙岐桿菌（Bifido）。菌的數目雖然有很多（以億計），但需要在大腸中才能發揮作用，菌必須能抵禦胃酸，活着進入大腸才能發揮效用。

益生素奶粉

有益生素聲稱的奶粉

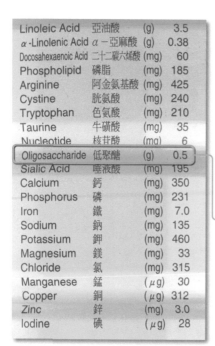

Linoleic Acid	亞油酸	(g)	3.5
α-Linolenic Acid	α－亞麻酸	(g)	0.38
Docosahexaenoic Acid	二十二碳六烯酸	(mg)	60
Phospholipid	磷脂	(mg)	185
Arginine	阿金氨基酸	(mg)	425
Cystine	胱氨酸	(mg)	240
Tryptophan	色氨酸	(mg)	210
Taurine	牛磺酸	(mg)	35
Nucleotide	核苷酸	(mg)	6
Oligosaccharide	低聚醣	(g)	0.5
Sialic Acid	唾液酸	(mg)	195
Calcium	鈣	(mg)	350
Phosphorus	磷	(mg)	231
Iron	鐵	(mg)	7.0
Sodium	鈉	(mg)	135
Potassium	鉀	(mg)	460
Magnesium	鎂	(mg)	33
Chloride	氯	(mg)	315
Manganese	錳	(μg)	30
Copper	銅	(μg)	312
Zinc	鋅	(mg)	3.0
Iodine	碘	(μg)	28

低聚糖是其中一種益生素（Prebiotcis）

益生菌奶粉

有益生菌聲稱的奶粉

probiotics 益生菌

An optimized, hypoallergenic protein blend, obtained through a special treatment†, which considerably reduces the allergenic potential of cow's milk, and as a result the risk for later symptoms of allergy.

優質蛋白質經過雀巢專利的酵素水解過程†後，幫助減低一般牛奶配方可能引致的過敏反應，並減低日後產生過敏的機會。

Naturally active cultures that help to protect your baby by stimulating a healthy gut flora.

雙歧天然益菌，維持足夠的腸道益菌量，有助提升嬰兒抵抗力。

Two special fatty acids found in breast milk, which are important for your baby's defense system, and contribute to the development of brain and vision.

DHA及ARA是母乳中兩種重要的脂肪酸，有助調節嬰兒天然免疫反應，促進腦部及視力發展。

小心糖分過高

市面上的乳酸菌飲品都有一個普遍的問題，就是糖分過高。因為乳酸菌是酸的，一般生產商都會用大量的糖來掩蓋酸味，例如一小瓶 65 毫升的乳酸菌飲品便有 11.6 克的糖（大約 2 茶匙白糖），是濃度非常高的糖水。也不是沒有選擇的，市面上有很多原味的乳酪（可選擇含有雙岐桿菌和乳酸菌的），再自行加入新鮮的水果，如藍莓、蘋果、香蕉和其他堅果、阿麻籽……

益生素則是給益菌食用的水溶性纖維，這些纖維不會像一般營養素般，在胃中被消化，在小腸中被吸收，而會完完整整地進入大腸後，被益菌作為營養素。這些纖維對血糖的影響甚少，故糖尿病患者也可以食用。

大便質素

所謂大便質素，是依據一系列的指標，包括：

- 重量：每天大約 150~200 克（一條香蕉大約 100 克）。
- 顏色：愈淺色愈好。
- 粗度：普通香蕉一般的粗。
- 長度：每天大約如一條半至兩條香蕉就非常理想了，最優質的，是不會斷開太多段的。
- 浮力：大便的最大部分是水分，大約 70~80%，其餘的是固體，一半是食物殘渣，另一半是益菌。健康的腸道益菌的數目愈高，而益菌愈多，大便的水分便愈高，令大便較輕而浮在水面。

感冒的時候，有些人會有食用抗生素的習慣。一劑抗生素會將腸內所有的細菌殺掉，大便會變得深色，甚至黑色，很細條，並沉在水底。很多人都會有這樣的經驗吧。要改善這情況，服用完整個抗生素療程之後，最好補充這些益菌，食用含益生素或益生菌（雙岐桿菌和乳酸菌）的食物都會有一定的效用。

1.4
輻照食物

知道有關輻照食物（Food Irradiation）的消費者不多，但其實這已是一種用途非常廣泛的食品消毒方法之一。大多數人每天都會食用到經輻照的食物呢！食物輻照又稱為食物照射，是一種消毒食物的程序。方法是利用游離輻射來破壞基因，將附在食物上的所有生物殺死，包括微生物，如細菌、過濾性病毒和細小的昆蟲等。當然，食物本身的基因亦遭到破壞，例如受到輻照的蔬菜或豆類，繼續生長的能力會減退，它們的貨架期亦會大大延長，故除了是一種消毒的手段外，輻照的另一個重要的用途是作為抗發芽（anti-sprouting）的方法。

輻照延長貨架期

蔬果在收割之後，因為仍有生命，是會繼續生長的，例如蒜頭收割之後仍會發芽。為了延長蒜頭的貨價壽命，生產商會將它們輻照。據業內人士透露，市面上大部分（>90%）來自內地的蒜頭都是經過輻照的。近年的市場上的蒜頭都是怪「完美」的，不會像以前般，買回來很快便發芽！有機會，去找一些本地農場生產、未經輻照、樣子醜醜的蒜頭吧！

另外一種經常會經輻照的食物是香草。因為很多時，我們都會食用未經高溫煮熟的香草，為了防止細菌感染，生產商都會將它們輻照。

輻射量大

食物輻照自 60 年代開始被使用。有異於一般高溫消毒程序，輻照不用將食物加熱至高溫，故它的用途非常廣泛，由香料、乾果、麵粉、新鮮蔬果以至肉類都可以接受輻照。食物可以在很惡劣的環境中製作，就算黏滿污物，只要在包裝之前將食物輻照，便能做到消毒的效果。

用來消毒的輻照，能量是很高的。輻射的滲透力視乎它的能量，波長愈短，能量愈大，滲透力亦愈大。例如電子放射（Electron Radiation）能穿透至食物的 2.5~4 厘米，只能用於形狀比較扁平和平均的塊狀食物，例如牛排、漢堡排等；而體積大的食物，如水果，便要用較大的放射能量，如伽馬放射（Gamma Radiation）了。輻照食物經消毒後，如果保留在包裝中，是可以保持無菌，但一旦接觸到空氣，當然會如一般食物般受空氣中的微生物污染。

「死」的食物？

有說輻照食物是完完全全的「死」食物，所指的不只是所有微生物被殺掉，而食物本身的營養亦被剝奪得七七八八，這包括食物中的維他命 A、B$_2$、B$_3$、B$_6$、B$_{12}$、C 和 E。而蛋白質、多元非飽和脂肪、益菌、酵素、植物性化學物質（Phytochemicals）等有利健康的元素均會受到破壞，不再有用。此外，輻照還會改變食物的本質，例如輻照的肉類會產生一些獨特輻射分解物質（Unique Radiolytic Products），食用後，會增加體內的游離基（Free Radical）。游離基有連環破壞的能力，體內的細胞份子，包括細胞膜、抗氧化物等都會遭到破壞。

另外，食物中其中一種常見的脂肪酸棕櫚酸（Palmitic Acid），則會因輻照而產生一種名為環丁銅（Cyclobutanone）的致癌物質。有動物實驗證實，食用輻照食物的白老鼠，其細胞生長會有異常的情況，例如免疫器官受到損害、營養不良，後果包括早死、死胎等。現時，有 38 個國家 / 地區准許利用輻照作為消毒食物的手段，包括歐美、中國等。

輻照食物倍數增長

香港方面，法例要求所有經輻照的食品必須附有一個 Radura 的標籤（見 P29 圖），再加上「受輻照」字樣。但一份 2007 年的報告指出，2001至 2004 年間，在歐盟售賣的食品中抽樣調查，沒有標籤的輻照食品增加

了三倍之多，其中最常見的是來亞洲的即食麵。在香港售賣的食品中，更甚少有這個標籤。消費者所得的有關資訊當然少之又少，更遑論有甚麼選擇或保障了！唯一能保證沒有輻照元素的食品是有機食品，因為有機食品是不可以含有任何經輻照的元素。另外，餐廳用受過輻照的食物，如漢堡扒，是不需要告知食客的！[1~4]

RADURA標籤

很多快餐店用的肉類都是經過輻照的

　　食品貿易全球化,超級市場的食物可以來自世界各地,只要品質好,都會有市場的。第三世界雖然天然資源豐富,但因為缺乏市場推廣渠道,議價能力低,農民很多時得不到應有的回報。農作物多以低過市價賣給跨國企業,往往得來的只足夠基本的生活開支,卻不足以提高生活質素。

標籤準則

　　為了讓這些農民可以爭取到較公平的對待,一群生產商、出入口商和獨立顧問等組織了一個非牟利的獨立的企業聯盟(Fairtrade Labeling

主要的公平貿易產品包括
茶葉、咖啡和可可。

Organization International），簡稱 FLO。參加的農民必須在由自由選舉下組織的一個合作社，依循一套生產時必須遵守的道德意向守則，例如不能僱用兒童勞工、設立最低工資、保護生態環境等。符合守則的合作社經過審查，便可得到長期合約，以公平的國際市場價格售賣產品，其中部分的收入會用來投資當地的社會或經濟建設項目如社會建設、教育等。而參加的生產商可以在產品貼上公平貿易標籤。

自 1997 年成立至今，已有五十多個國家的合作社成為了公平貿易的成員。其中最主要的作物包括茶葉、咖啡、糖、可可粉等。因為公平貿易鼓勵環境的保護，故很多公平貿易的作物多是有機的，質素亦較有保證。

1.6 質素保證

近年來，有關食品質素的問題一直困擾着消費者，而毒奶事件發出了一個強烈的警號，成為各方，包括政府、生產商和消費者必須正視的問題。

消費者雖然關注食品質素，但可以做些甚麼呢？除了敦促政府加強抽檢之外、不吃有所懷疑的精製食品之外，還可以多加留意產品上的質素保證標籤。有關食品質量的保證有很多，包括保證包裝中食品的份量（見 P157，e 符號）；保證食品質素保質期（見 P12）；保證沒有含有基因改造原料（見 1.2）；保證食物沒有加入化學添加劑的有機認證（見 1.8）等。

為了增加消費者對食品的信心和增加對食品質素的監控，越來越多生產商會為製造的單位申請相關的獨立認證，例如，消費者可留意一些月餅製造商有為製作過程申請有關認證，以下的管理系統都是適用於食品製造及加工工場的：

GMP 認證

GMP 認證即優良製造管理（Good Manufacturing Practice），這管理系統包含的是一般的食品質量管理，適用於所有食品製造工場，而非針對個別生產環境所定立的，例如工場的條件、衛生、工藝、員工行為的管理等。

HACCP認證

這是「危害分析和關鍵控制點」或「食物安全重點控制」（Hazard Analysis and Critical Control Point），是一個由獨立監控、認證，針對個別食品製造工業內，製造食品過程所有環節的監控手段。需要分析及控

制的程序包括原材料的採購、運輸、生產工序和包裝等。它比一般質素控制措施，即只檢測最終產品的質量（如菌數、殘留等）來得全面、便宜和容易糾正。

以毒奶事件為例，如果生產商在原料入廠時便進行檢測，就不會生產出含三聚氰氨的奶粉；又如果在出廠之前有詳盡的質量檢定，就不會有毒奶在市場上售賣。

高湯麵線

HACCP認證

貨品編號：B225C

HACCP
Regulated plant

7
0

請存放於乾涼處，避免太陽直接照射。
Please keep in cool and dry places, avoid di
Garder en lieu sec et frais, et éviter la lumière dir

解讀食物標籤

35

1.7
回收標籤

大多數用來包裝食物的物料都含有塑膠物料，有些看似紙張的物料也有塑膠成分；甚至金屬的罐頭，由於需要防止與食物產生化學作用，亦會在包裝的內層塗上一層塑膠物料。所有塑膠物料都會釋出化學物質而成為食物的一部分。故消費者除了因為需要履行環保責任而留意包裝中的回收標誌，支持回收再生之外；另一個原因，是要避免攝取有害物質。

國際公認的回收標誌，是由三個互相追逐的箭咀組成。通常食品用的塑膠物料都會有回收標誌。這個稱為 MOBIUS 回收環的標誌，其實只表示商品有可回收再生的成分，而不代表一定有回收商會將物料回收。這方面，很大程度上視乎回收的成本效益，回收商認為有利可圖才可能會回收再生。

回收環中間的數目字由 1~7 其中一個數字標示，每個數字代表不同的塑膠物料：

Polyethylene Terepthalate（PET, PETE）

即聚對苯二甲酸乙二醇酯，大部分透明水樽都屬於這類別，一般回收商都會回收再生這類別的塑膠物料。

High Density Polyethylene（HDPE）

洗潔精的白色不透明樽便屬於這類別，這種塑膠物料比較硬，適合用來盛載貨價壽命短的飲料，例如牛奶。

Plastics Vinyl 或 PVC

保鮮紙便是 PVC 造的，加熱後會釋出毒素，例如雙酚 A（見下頁）。

Low Density Polyethylene（LDPE）

一般膠袋便是這類塑膠物料。

Polypropylene（PP）Plastics

這類是半透明、比較軟、有彈性，通常可擠出醬料的膠樽。

Polystyrene（Plastics）

這類是沒有彈性的，例如用來盛載乳酪的白色盒子。

其他

這是所有不屬於 1~6 的塑膠物料，現時最常見的，是用於盛載食物而不屬於 1~6 的聚碳酸酯（polycarbonate）；很多市面上的多次用水樽都屬於這類別。

所有塑膠物料遇熱都會釋出有毒物質，這些物質會轉移食物中，故加熱時，要小心處理。例如避免在盛載食物的包裝中加熱（如放在熱水中或微波爐內），這包括膠袋、錫紙袋（內裏塗了一層膠的）、罐頭（內裏亦是塗了一層膠質的）等。最好是先將食物放進陶瓷、玻璃或不銹鋼器皿中才加熱。

雙酚A

很多食物包裝物料，包括罐頭都會釋出雙酚A。

雙酚A是一種非常普遍的化學物質，用途非常廣，包括食物包裝物料、電子用品、水樽、鐳射唱片、鐳射影碟等。食物包裝如回收編號3和7，以及罐頭都會釋出雙酚A。它是其中一種可轉移化學物質（Migrant Chemical），即能從包裝物料移至食物中，成為食物的一部分。

雙酚A危險之處在於它是一種內分泌干擾素（Endocrine Disruptor），能模仿人類雌激素。對人體中一些可以受荷爾蒙影響的細胞尤其有害，就算攝取的水平甚低，亦有不良的影響。例如，一份2005年的研究報告指出，攝取少量的雙酚A已能令乳房組織變得對荷爾蒙和致癌物質更加敏感。另一份2007年的報告更駭人，指出如果在胎兒內或嬰兒時攝取雙酚A，會增加在成年時患上各類癌症（包括乳癌、前列腺癌等）的機會。另外，它亦對體內的基因造成傷害。

雖然雙酚A的影響這麼大，但各國均未有對限制雙酚A在食物中的水平而立法。根據2007年對嬰兒健康影響的報告，除了警告懷孕婦女有關問題之外，很多國家（如加拿大）亦開始立法，禁止生產商將可釋出雙酚A的物料用於嬰兒飲食用的器皿和玩具，如奶樽和杯等。

要完全避免攝取雙酚A，基本上是沒有可能的，因為它幾乎無處不在。唯一可做的是盡量避免，以下是其中幾點比較容易做到的：

1. 盡量避免食用罐頭。湯類罐頭中的雙酚A水平比其他罐頭的更高。

2. 不要將罐頭燉熱，例如將罐頭鮑魚放在水中燉數小時，是一個極不健康的做法。

3. 不要在盛載食物的包裝物料中加熱，宜轉放到玻璃、陶瓷或不銹鋼的器皿才加熱。

4. 不要使用回收環「7」的水樽，更不要用這些樽用來盛載熱水。

現代的農業講求成本效益，種植甚麼，飼養甚麼，都要求快、大、漂亮和便宜。食物的質素、風味等反而是次要。要符合這些要求，農民種植時會用大量的化學合成農藥、促生素（見下文）等。但完美的背後不是沒有代價的：農藥對環境造成很大的破壞、促生素增加發生抗藥性的機會，而蔬果中的農藥殘留會增加人類患上多種慢性疾病的機會，如柏金遜症、自體免疫病，甚至癌症。

種種問題的浮現，令人類驚覺這種耕種方式並不能持續。近年，越來越多國家的農民「反璞歸真」，奉行有機耕種、飼養牲畜。而有機產品的市場在近年間成為最高速發展的市場之一，九十年代開始，以每年增加 20% 以上，足見消費者對這類產品的需求越來越大。

英國有機認證產品例子

有機種植的基本理念是在生產對健康有益的食物的同時，必須注重保護環境，以致食物的生產可持續發展，而不會因為過度生產而失去地球上的寶貴資源。

所謂有機生產，過程必須依據一套標準，例如：

- 農地必須經過轉型期，以減低農藥殘留。
- 選用的種籽不可以經是基因改造的。
- 限制種植過程可以使用化學合成農藥（見表）。
- 不能用抗生素作促生素（見表）。
- 產品不能經過輻照消毒（參考輻照食物）。

促生長抗生素

促生長抗生素又稱促生素 （Antibiotics Growth Promoter）。抗生素在畜農界中，除了用來治病外，還有一個鮮為消費者所知的用途，就是作為「促進生長」的元素。動物在高度擠迫的環境中要快速生長，患病的機會大大提高。故除了餵飼高效能飼料，農戶還會添加低水平的抗生素（即比可以用來治病需要的份量低很多）。它的效用，除了可以用來預防疾病，還有加速生長的作用（不生病，當然快點大）。但促生素的真正作用，科學界中其實並未有共識。放養的動物，有更大的活動空間，是比較健康的，而不需使用這些促生素來防病。

在美國，用於農畜的抗生素，一年便花費約3千萬美元。有研究指出，畜牧業濫用抗生素，是導致近年抗藥性病菌個案激增的原因之一。歐盟在2006年1月1日起，已實施全面禁止使用非藥用的抗生素。但其他國家如中國、美國等，使用促生素還是十分普遍的。

有機飼養的動物飼料中是不可以加入促生素的，只可以在動物生病的時候，用抗生素來治病。

　　要將產品標籤為有機，整過生產過程必須經過獨立機構的認證。

　　在香港，有關有機生產的標準與守則，是由漁農自然護理署《有機作物生產守則》和香港有機農業協會《香港有機農業協會有機生產標準》製定的。而有關生產有機食品時加工的守則，則由香港有機認證中心制定。

　　香港現時有兩個認證中心：香港有機認證中心（HKOCC）和香港有機資源中心（HKORC），它們為香港和一些內地的農業生產企業作有機認證。

　　當然，在香港售賣的食品，會有來自不同國家的有機認證，畢竟，世界各地共有過千個有機認證機構，而不同機構各有其獨特的標誌。

香港有機認證標誌（資料來源：有機資源中心網頁）

有機是一個很有市場價值的標籤，在市場上，貼上有機標籤的食品比沒有標籤的享有 30% 或以上的溢價。這用以招徠的手段，在很多國家是受到規管的。不論是先進國家，抑或亞洲各國，如日本、中國、印度、南韓、泰國等，均有法例規定食品必須得到獨立機構的認證，才能將食品標示作有機。

雖然近年有機市場在香港不斷擴張，但保障消費者權益的法例卻遲遲未有實行，可說非常落後。現時香港是沒有法例要求在香港售賣有機食品需要得到認證的。因為政府覺得這方面的立例「沒有迫切性」，故消費者雖然為健康着想，花費更多購買有機產品，但在法例上卻是沒有保障的。

有機種植

除了種植時要符合有機種植的守則，加工的過程亦有所規範，例如，不可以用輻照消毒。對於材料（不可以用含反式脂肪的油脂），以至添加劑（不能用人造合成色素）等，亦有既定的守則。

除了有機食品，還有其他限制沒有那麼嚴格的質素保證標籤，在國內就有「無公害食品」和「純天然食品」等分類（見下表），這些標籤對種植時用的化學合成農藥或肥料等均有不同程度的限制。

	合成農藥	化學肥料	生長激素	促生長抗生素	基因改造
普通食品	不設限制	不設限制	不設限制	不設限制	不設限制
無公害食品	限制	限制	不設限制	不設限制	不設限制
綠色食品	禁止	限制	不設限制	不設限制	不設限制
有機食品	禁止	禁止	禁止	禁止	禁止

農藥

有機種植亦不是完全不可以使用農藥的。化學合成的農藥當然一點也不可以使用，但有數種由植物提煉出來的「有機」殺蟲劑或「天然」農藥，是可以使用的，如苦楝提取物（Melia Extract）、印棟提取物（Neem Extract）、除蟲菊（Pyrethrum）和魚藤酮（Rotenone）。

其中，除蟲菊和魚藤酮均有毒性。魚藤酮又稱毒魚酮，是一些亞熱帶植物的根部提煉出來，對魚產毒性尤其強烈，對人類亦有毒害。在一些動物試驗中，魚藤酮能致癌，亦能影響腦部的運作。事實上，要製造一隻有柏金遜症的老鼠的方法，就是注射魚藤酮。但它的半衰期（Half-life）很短，只有數天（即數天內，大部分的殺傷力已減退）。另外，陽光和水均可以將它分解，故殘留在食物中的份量很少。

1.9
反式脂肪

立法會於 2008 年 5 月 28 日終於通過訂立強制性營養標籤法。營養標籤法律生效之後，除了獲得豁免的產品外，所有在香港售賣的預先包裝食品必須附有營養標籤，而標籤上亦必須列明反式脂肪的含量。

反式脂肪是甚麼？

原料的成本是精製食品生產商的一大考慮，而油是這些食品的重要元素之一。對美國的即製食品生產商來説，本土出產的油脂比較便宜，如大豆油和芥花籽油，但都存在一個問題，就是它們含有高水平的多元非飽和脂肪。其中的奧米加 3，非常容易受到氧化，這不但會發出油膩的氣味，亦對健康有害；用它們製造出來的食品，貨價壽命亦很短。為了好好利用這些油，有科學家發明了氫化的程式，將液體油的飽和度提高，將其變成半固體。這些油不會那麼容易受到熱、空氣和光的影響。用它們製造出來的食品，貨價壽命亦相對長很多。因為價錢便宜，氫化了的植物油自 60 年代開始便深受食品生產商的歡迎。

在食物標籤上，反式脂肪（Trans Fatty Acid）可以有很多不同的中、英文名字，食材表中，有任何以下材料的，都可能表示食品中含有反式脂肪的：

中文：植物起酥油、氫化植物油、局部氫化植物油、植物牛油、固體菜油、逆態脂肪等

英文：Hydrogenated Fat、Partially Hydrogenated Fat、Vegetable Shortening、Margarine、Trans Fatty Acid、Trans Fat 等。

自 70 年代，科學界已不停發表有關反式脂肪對健康影響的研究報告，包括大大增加患上心血管病（如心臟病）、糖尿病、增加壞膽固醇、

影響嬰兒腦部發育等，這正是為甚麼各國紛紛為反式脂肪的標示而立法的原因。

「零」的定義

因為食品法典現時還未就標示反式脂肪的含量定立指引，現時各個地方的法例對零反式脂肪有不同的定義，例如：

美國：每食用份量低於 0.5 克，便可以在標籤上聲稱零反式脂肪，而不用在營養籤上列明含量有多少。

加拿大：每食用份量低於 0.2 克，便可以聲稱作零反式脂肪，但在營養表上，還是要列明真正的含量，即就算是每 100 克只有 0.1 克，都要在營養成分表中標示出來。

而根據本地食物安全中心發出給業界的指引，每 100 克不超過 0.3 克反式脂肪便可以作零反式脂肪聲稱。如果符合這個零的定義，生產商是不需要在營養表上列明含有多少反式脂肪的。

BUTTER COOKIES

Butter Cookies   Net wt. 125g ℮ · 4.4 oz.
Ingredients: Wheat flour, butter (milk product), sugar, desiccated coconut, currants, egg powder, salt, raising agent (ammonium bicarbonate), vanilla. Produced in a factory where tree nuts and their products are also handled. Contains no trans fat from hydrogenated vegetable oils.
Produced by: Kelsen A/S, Bredgade 27, DK-8766 Nr. Snede, Denmark.
Best before: See side of box

■■■■■曲奇 · ■■■■■曲奇(饼干)

净含量：125克
配料：小麦粉，牛油(奶类制品)，白砂糖，椰蓉，加仑子，鸡蛋粉，食盐，膨胀剂/膨松剂(碳酸氢铵)，香草。
生产此食品的厂房亦处理木本坚果及其制品。
不含氢化植物油及其产生的反式脂肪。

全牛油造的曲奇餅是沒有人造反式脂肪的，但有可能含天然而對健康有益的天然反式脂肪。

天然反式脂肪

除了人造的反式脂肪，自然界亦有反式脂肪。反芻動物（如牛、羊等），尤其是放養的牛、羊（食草而不是食穀物的），其油脂和奶脂均會含有少量的天然反式脂肪。純牛油造的餅乾（曲奇）含有的反式脂肪，約佔油脂的2-5%。而這些天然反式脂肪對健康的影響與人造的截然不同。一種名為共軛亞麻油酸（Conjugated Linoleic Acid, CLA）的天然反式脂肪不但不會影響健康，反而是高效能的抗氧化物，有防癌和增強免疫力的功能。

人造反式脂肪是沒有食用安全水平的。2006 年，美國心臟病協會對美國國民的建議是每天攝取量不多於總能量的 1%。以一位每日攝取 2,000 卡路里的女士來説，即每天不要攝取多於 2~2.5 克的反式脂肪。由於現時營養標籤必須附有反式脂肪的含量，本來要計算反式脂肪的攝取量也不難，但因為每 100 克含 0.3 克以下便可以聲稱作零脂肪，消費者還是有可能攝取了反式脂肪而不知道的。例如，1 塊餅重 100 克，每塊含 0.29 克反式脂肪，那麼，吃了 5 塊餅乾便攝取了 0.29×5 = 1.45 克反式脂肪。

1.10
成分組合
要求

為了保障消費者的食物安全，世界衛生組織（WHO）和聯合國糧食及農業組織（FAO）於 1963 年成立的食品法典委員會（Codex Alimentarius Commission, CAC），制定了一系列國際認同的食物質量標準指引，名為食品法典（The Codex Alimentarius）。指引的基本原則是標籤上的資訊必須真確，不能誤導消費者。指引包括如何保證食物安全的不同範疇，例如食品處理的守則（如殺菌、包裝等）、哪些食用添加劑（如色素、防腐劑）可以使用等。

致敏源

一些人對某些食物中的蛋白質有敏感反應，如果不小心食用，後果可以很嚴重。故這部分的標籤是他們必須細看的。有關例出九種致敏源的規定，香港的法例於 2007 年 7 月才生效。這八種致敏源包括：甲殼類、磺胺類（Sulphite）、牛奶（酪蛋白）（Casein）、雞蛋、花生、堅果、大豆、海鮮、小麥（麩質）（Gluten）。

保質期

預先包裝食品需要有一個保質期的標籤。根據不同產品，這標籤可以下列其中一個格式表達，它們都有不同的含義。

此日期前食用（Use By）：是指製造商不會保證此日期後食物的質素。因為食物或會對健康有影響，零售商亦不能在這日期後售賣。

此日期前最佳（Best Before）：是指食物在此日期之後，其營養價值、質素或會降低；但這日期後食用或許還是安全的。

　　根據《2008 年食物及藥物（成分組合及標籤）（修訂：關於營養標籤及營養聲稱的規定）規例》中的小量豁免制度，在香港每年銷售量不超過 30,000 件的相同版本預先包裝食物，可獲授予營養標籤豁免。有關進口商（適用於進口產品）或製造商（適用於本地產品）可向食物環境衞生署轄下食物安全中心（中心）申請這項豁免。

豁免營養標籤產品例子

1.12
罕見的快餐店食品營養標籤

除了已包裝食品有營養標籤之外，亦有快餐店提供店內食品的營養資料。其實，越來越多消費者要求這類資料，例如食品是用甚麼油、有沒有反式脂肪、含有多少鈉等，是標籤的未來方向。圖中是某著名快餐店印在餐紙墊背後的營養資料。

香港某快食店部分食品之營養分析 ※
Nutritional Analysis of Selective Menu Items of a Fast Food Shop in Hong Kong※

	熱量 Energy	碳水化合物 Carbohydrate	脂肪總含量 Total Fat	膽固醇 Cholesterol	鈉 Sodium	蛋白質 Protein
	（卡路里） (kcal)	（克） (g)	（克） (g)	（毫克） (mg)	（毫克） (mg)	（克） (g)
清新滋選 Fresh Choices Menu						
雞扒沙律 Grilled Chicken Salad＊	190	8	8	80	640	20
田園沙律 Green Salad＊	150	15	6	20	310	9
粒粒粟米杯 Fresh Corn Cup #	90	15	1	0	280	3

	熱量 Energy	碳水化合物 Carbohydrate	脂肪總含量 Total Fat	膽固醇 Cholesterol	鈉 Sodium	蛋白質 Protein
	（卡路里） (kcal)	（克） (g)	（克） (g)	（毫克） (mg)	（毫克） (mg)	（克） (g)
飽類 / 薯條 / 麥樂雞 Sandwiches / Fries / Chicken McNuggets						
漢堡飽 Hamburger	260	34	9	30	580	13
芝士漢堡飽 Cheeseburger	320	35	13	40	820	15
巨無霸 Big Mac	510	39	28	60	870	25
魚柳飽 Filet-O-Fish	330	37	14	40	660	14
麥香雞 McChicken	420	42	20	60	870	17
脆辣雞腿飽 McCrispy Chicken	510	41	29	80	995	21
板燒雞腿飽 Grilled Chicken Burger	370	37	14	80	1170	24
中薯條 Medium Fries	360	47	17	0	370	5
麥樂雞（6件） Chicken McNuggets (6 pcs)	330	14	23	55	620	17
早餐 Breakfast						
精選早餐全餐 Deluxe Breakfast	660	41	45	425	1130	27
煙肉蛋漢堡 Egg McMuffin	270	28	10	180	720	18
豬柳漢堡 Sausage McMuffin	340	27	19	35	870	15
豬柳蛋漢堡 Sausage McMuffin w/Egg	410	29	24	195	940	21
脆薯餅 Hash Brown	140	13	9	0	340	1
熱香餅/ 植物牛油及糖漿 Hot cakes w/Margarine & Syrup	362	56	7	0	80	6

	熱量 Energy	碳水化合物 Carbohydrate	脂肪總含量 Total Fat	膽固醇 Cholesterol	鈉 Sodium	蛋白質 Protein
	（卡路里） (kcal)	（克） (g)	（克） (g)	（毫克） (mg)	（毫克） (mg)	（克） (g)
甜品 / 奶昔 Desserts / Shakes						
蘋果批 Apple Pie	240	27	13	5	130	2
朱古力奶昔 Chocolate Shakes	400	73	9	35	270	12
朱古力新地 Chocolate Sundae	250	34	10	15	90	5
飲品 Beverages						
橙汁（6安士） Orange Juice (6 fl oz)	100	20	0	0	0	1
可樂（12安士） Coca Cola (12 fl oz)	100	26	0	0	0	0
濃滑奶茶 McBrew Tea △	50	5	2	0	65	3

所有數據乃大約數。
All figures are approximate data
※資料來自香港麥當勞

＊不包括沙律醬。
Excluding salad dressing

＃不包括植物牛油。
Excluding margarine

△包括植脂奶。
With filled milk

2.

常見食物添加劑

NUTRITION FACTS
LINALEIC ACID
PHOSPHOLIPID
ARGININE
CYSTINE
TRYPTOPHAN
TAURINE
NUCLEOTIDE
OLIGOSACCHARIDE
CALCIUM
PHOSPHORUS
IRON
SODIUM
POTASSIUM
MAGNESIUM
CHLORIDE
MANGANESE
COPPER
ZINC
IODINE
FAT
COLOUR
PROTEIN
ENERGY
FIBRE

2.1
色素

　　食物需要色、香和味俱全才能引起食慾，但經過精製和保存，大部分食物中的天然顏色都會褪去，變得毫不吸引，故色素（Colourings）是常用的添加劑之一。食物標籤上，國際添加劑編號 100~199 是色素（見下表：國際添加劑編碼系統），它們可以分為三類物質：從植物或昆蟲提取天然的、化學合成等同天然的，又或化學合成的人造色素（沒有等同的天然物質）。

國際添加劑編碼系統

　　食品法典將添加劑分為 23 個不同的類別。每個添加劑都有一個特定的編號。大多數國家/地區都會用這個國際添加劑編碼系統（International Number System, INS）：

100~199	色素（Colour）
200~299	防腐劑（Preservative）、推進劑（Propellant）
300~399	酸度調節劑（Acidity Regulator）、酸味劑（Acid）、抗氧化物（Antioxidant）、護色劑（Colour Retention Agent）
400~495	乳化劑（Emulsifier）、乳化鹽（Emulsifying Salt）、穩定劑（Stabilizer）
500~585	增稠劑（Thickener）、膠凝劑（Gelling Agent）、固化劑（Firming Agent）、抗結劑（Anti-caking Agent）、增體劑（Bulking Agent）、固化劑（Firming Agent）
620~640	增味劑（Flavour Enhancer）
900~1520	上光劑（Glazing Agent）、甜味劑（Sweetener）、消泡劑（Antifoaming Agent）、水分保持劑（Hemectant）、發泡劑（Foaming Agent）、麵粉處理劑（Flour Treatment Agent）

於歐盟售賣的食物標籤上，添加劑編號會有一個 E 字首（即 European Union）。其他國家／地區如澳洲、紐西蘭等，則只會用號碼，而沒有 E 字首。本地食環署就要求生產商除了要列明添加劑的編號，還需要在數字後寫上添加劑的類別，例如：E102，色素。

也許不是所有有「數字」的食物都是不好的，沒有必要一見有 E 字首的「冧把」便避之則吉。其實添加劑中也不乏天然的元素（雖然只有很少部分），或害處不大的添加物，只是一般消費者是不容易分辨罷了。例如用來防止食物氧化，有防腐作用的維他命 C 和 E 等也是食品添加劑，編號是 E300-304 和 E306-309。

消費者最需要留意的添加劑是色素、防腐劑、增味劑和甜味劑。

人造色素

色素編號 100~199 中，有 46 種是香港法例容許用於食物的色素。其中，25 種是人造色素，餘下的是天然提取的或等同天然的。除了國際添加劑編碼外，消費者或會碰到其他的色素編碼系統：

* 顏色索引（Colour Index, CI）

香港的標籤法例中，也有使用這個 CI 編號。CI 是布染業所用的編碼系統，其中包括天然和人造色素。

* FD & C 編號

這代表食物、藥物和化妝品，是 Food, Drug and Cosmetics（FD & C）的縮寫。這是美國用的編碼系統，是與化學合成的品質控制有關的。化學作用是可以出錯的，小小偏差可以令造出來的色素變得更有毒，故質素管理非常重要。生產商每造一批 FD & C 色素，便得向 FDA 申請證書，以證明批次的質素。在自然界相應物質提取的天然色素，如礦物、蔬果或昆蟲等，則可豁免申請這證書。

以下是一些色素在不同系統下的編碼，在食物標籤上，FD & C 和國際添加劑編碼比較常見：

顏色名稱	美國FD & C	國際添加劑編碼（或有E字首）	顏色索引編號（CI）
Brilliant Blue，亮藍	Blue No.1	133	42090
Royal Blue，靛藍	Blue No. 2	132	73015
Fast Green，綠色	Green No. 3	143	42053
Allura Red，誘惑紅	Red No. 40	129	16035
Erythrosine，赤蘚紅	Red No. 3	127	45430
Tetrazine，檸檬黃	Yellow No. 6	110	15985
Sunset Yellow，日落黃	Yellow No. 5	E102	19140

天然色素

並不是沒有天然色素的，例如紅色的蘋果、藍色的藍莓、綠色的菜葉等。其中一些是可以被模仿的（即化學合成等同天然色素）。好處是這方法比天然提取便宜，而且比較穩定。以下是一些可以安心食用的天然色素。但需要注意的是天然色素容易受到熱、光和酸度等破壞，故一般不會像化學合成的好看，而且天然提取的會比較昂貴。

顏色名稱	美國 FD&C 編號	國際添加劑編碼	顏色索引編號（CI）
Annatto，紅木素	-	160b	75120
Beet Root Color，甜菜根紅色	-	162b	-
Carotene，胡蘿蔔素	-	101	-
Curcurmin Yellow，薑黃	-	100	75300
Paprika，紅椒	-	160c	-
Anthocyanin，花色素苷類	-	163	75810
Chlorophyll，葉綠素	-	E-140、141	75815
Iron Oxides，氧化鐵	-	E-172	77491
Titanium Oxides，二氧化鈦	-	E-171	77891

人造色素的問題

人造色素是石油化工製造出來的染料，基本上是不適宜食用的。事實上，食用它們的人均成為一個龐大生物實驗中的白老鼠。一種色素雖然已經被批准用於食物，可是過了一段時間，如果有人發現這色素會導致敏感、癌症或哮喘等健康問題，有關部門才會將這色素抽出市場。我們不是實驗品是甚麼呢？如果可以的話，還是選擇一些沒有加入人造色素的，又或使用天然色素的食品。要補充的是，一些不列為食物的產品都會運用大量色素，而且不需要在標籤上註明，例如綠色的漱口水。

兒童是最受害的一群，原因之一，是他們的排毒（肝臟）功能並未成熟。另外，他們都容易給顏色鮮艷的食物所吸引，例如汽水、糖果等。

近年，注意力不足過動兒童（Attention-deficit Hyperactive Disorder, ADHD）的數目不斷增加。患上 ADHD 的兒童，會過度活躍、不能集中和容易衝動。而食物添加劑，包括色素和防腐劑等，均被證實是其中重要的因素。很多國家 / 地區的消費者權益組織均有要求禁止使用。

雜果味糖

配料:糖，澱粉糖漿，
煉奶，酸味劑(E330)，
調味料及調味劑，
色素(E100(i)，E140，
E163)
淨重 Net weight：85g
產地：日本
此日期前最佳

給兒童食用的糖果，最好還是選擇用天然色素的。

果汁糖

Ingredients: Sugar, Glucose Syrup (Corn), Fruit Juice 2.5% (Green Apple, Grape and Pineapple), Acidity Regulator (Citric Acid), Hydrogenated Vegetable Oil (Coconut Oil), Acidity Regulator (Malic Acid), Rice Starch, Thickener (Gum Arabic), Flavour & Flavouring, Glazing Agent (Carnauba Wax), Emulsifier (Sucrose Esters of Fatty Acids), Thickener (Gellan Gum), Colours (E102, E124, E133, E132, E110).

化學色素

2.2
防腐劑和
抗氧化劑

現代的精製食品有四種主要的防腐方法：

- **抽乾**：食物中的水分使食物容易受到細菌的感染，抽去大部分的水分，然後再抽走空氣，以真空包裝，食物便可保存一段很長的時間。

- **冷凍（Frozen）**：這是最「健康」的食物保存方法。新鮮的食物經過很少處理，不加入任何防腐劑，在最快的時間內冷凍。食用前才解凍，然後烹調。但利用這方法，就必須小心在需要解凍之前，保持食物在冷凍的狀態，才能防止細菌的感染和保持食物的質感。經解凍後的食物，不應再冷藏，否則食物的質感會變。

- **醃製**：醃製是最古老的防腐方法。例如使用大量的糖來製造果醬、鹽來製造鹹魚、醋來製造泡菜、以益菌來防止惡菌滋生來製造乳酪等。

- **防腐**：以任何方法保存的食物，都可以加入防腐劑，例如醃製的食物大都會加入亞硝酸鹽。國際添加劑編碼中，200~299 包括了香港法例可以使用的防腐劑。

其中，有三類防腐劑是消費者需要留意的：

苯甲酸（Benzoate） 210~219

苯甲酸有抗菌、抗霉菌的效用，自 1900 年已開始被用作防腐劑。它的用途非常廣泛，除了食品，亦用於化妝品、牙膏、果汁等。

其實，一些水果如蘋果、李子等亦含有天然的苯甲酸。它擁有 FDA 的「公認安全」（GRAS）地位，但用於食品中，濃度不得超過 0.1%。

近年，有科研數據顯示苯甲酸與一些健康問題是有關的：

1. 兒童食用含苯甲酸或化學色素的食物，會引致過度活躍症。

2. 含有苯甲酸的飲品，經過金屬催化（罐裝飲品），加上一點點的熱力（運送途中），有機會釋出致癌的苯（Benzene）。美國 FDA 在 2007 年中的一份研究報告就指出，在多個汽水樣本中找到高水平的苯，這消息令消費者嘩然，因為大量的精製飲品都是用苯甲酸作防腐劑的。[5] 在此之後，包括某品牌可樂的多個飲品製造商，已將苯甲酸從成分中抽出，並以酸度調節劑代之，但很多飲品還是會用的。

硝酸鹽、亞硝酸鹽（Nitrate、Nitrite）249 ~ 252

很多天然的食物都含有硝酸鹽，其中蔬菜的含量是最高的，尤其是在種植時使用大量含硝酸鹽的肥料。

食物製造商可以用硝酸鹽或亞硝酸鹽作防腐劑，而天然的細菌會將硝酸鹽轉化成亞硝酸鹽，後者才是真正有防腐作用的化學物質。

亞硝酸鹽有殺菌、殺霉菌的作用，它的防梭狀芽苞桿菌（Clostridium Botulinum）、李斯特菌（Listeria）等效用，對生產商來說，尤其珍貴，因為不是很多其他防腐劑可以做到的。

除了防菌之外，用作防腐劑也有其他好處。例如，肉的紅色來自肌紅蛋白（Myoglobin）。當肉在室溫中放得太久，肌紅蛋白上的鐵便會受到氧化，肉的顏色會變成暗啡色。亞硝酸鹽經酸性還原而產生的一氧化氮（Nitric Oxide），能與紅血球中的肌紅蛋白作出反應，將肉的粉紅色穩定。故所有用亞硝酸鹽作防腐劑的食物，如香腸、火腿、臘腸等，都有這漂亮的顏色。此外，用亞硝酸鹽醃製的食物均有其獨特的風味。

在某些情況下，例如高溫煮食（煎、炸、烘焙等），食物中有太多亞硝酸鹽，會與蛋白質的胺類（Amines）發生化學反應而產生致癌的亞硝基氨類（Nitrosamines）。

科學家研究亞硝酸鹽對健康的影響已有數十年之久，大多數的研究結果均建議消費者減少食用含亞硝酸鹽的食品，因為可能引致的後果包括：

- 增加患上腸道癌症的機會，如腸癌、食道癌、胃癌、胰臟癌等。
- 增加患上慢性肺病的機會。
- 如胎兒從母體攝取亞硝酸鹽，會增加嬰兒長大後患上腦癌的機會。
- 但因為亞硝酸鹽的效用實在太好，不容易找到代替品，故生產商唯有用其他方法去減低其害處，如：
- 限制食物中的亞硝酸鹽。
- 不用亞硝酸鹽。而近年，有多間食品生產商研發不用亞硝酸鹽的醃製食品，這些產品多會利用其他的防腐技術，如其他防腐劑（某些酸度調節劑）、真空包裝、冷凍等。
- 在醃製食品中加入維他命 C，這樣能減低亞硝酸鹽與蛋白質的化學反應，從而防止產生亞硝基氨類。
- 在食品中加入維他命 E，也可以防止產生亞硝基氨類。

消費者要保護自己，要避免攝取致癌的亞硝基氨類，也不是沒有辦法的：

- 盡量少吃含亞硝酸鹽的醃製食品。
- 如真的要食用醃製食品，之前最好食用維他命 C 和維他命 E，以防止亞硝酸鹽轉化為致癌物質。
- 有機菜的硝酸鹽比普通蔬菜的少，而用水煮菜能減少蔬菜中硝酸鹽的水平。[6] [7]

亞硫酸鹽（Sulphite） 220 ~ 228

這是一種非常普遍的防腐劑，包括乾果、紅酒、薯片、堅果等。

亞硫酸鹽對大部分人沒有害處（一些人會覺得經亞硫酸鹽醃製的食物有一種不甚「吸引」的味道），但對有敏感傾向的人，可以引致非常嚴重的後果，包括哮喘、皮膚敏感、過敏性休克等。

它有抗氧化功能，能夠防止食物氧化，變黃變黑，例如芒果乾、杏脯乾等保留很漂亮的橙黃色，是由於加入了亞硫酸鹽。

有機食品是不可以使用亞硫酸鹽作防腐劑的，故一般有機的乾果都是不好看的，例如啡黃，甚至深啡色。

抗氧化劑

添加劑中，是有很多具抗氧化功能的，其中一些絕對是沒有問題的，例如維他命 C 和維他命 E。而下列的抗氧化劑最好避而不吃：丁基羥基甲氧苯、二丁基羥基甲氧苯（Butylated Hydroxyanisole, BHA、Butylated Hydroxytoluene, BHT）320、321。

食油中的多元非飽和脂肪很容易被空氣、氧氣、熱力等氧化，對食品生產商是一大難題。除了會發出油膩的味道，還會產生游離基，長期食用會增加患上癌症的機會。

食品製造商可以在油中加入天然的抗氧化劑，例如維他命 E 來防止氧化，但比較便宜的做法是利用石油化工製造出來的化學抗氧化劑 BHA 和 BHT，它們對於防止食油氧化非常有效，但卻可引致很多健康方面的問題：

這些抗氧化劑多用於烘焙食品，如薯片和麵包等。

有研究顯示，食用 BHA 和 BHT 對健康有很大的影響，包括：

- 慢性肝臟腫大。
- 增加患上癌症的機會，包括肺癌、胃癌。
- 懷孕婦女食用 BHA、BHT，會影響嬰兒的學習能力和整體表現。

另外，因為 BHA 和 BHT 都是油溶性的，身體的排毒系統將這種毒素排出體外的效能不大，故這些防腐劑會在體內積存，引致更多的健康問題。[8] [9]

養寵物的消費者更須要留意，很多貓、狗餅乾都是用 BHA 和 BHT 作抗氧化劑的，而因為牠們都是長期食用這些食物的，對牠們的影響可以是十分嚴重的。

2.3
甜味劑

　　甜，是大部分人類最喜愛的味道。由於提煉白糖技術的進步，白糖的價格不斷下降，以致我們食用糖的份量亦增加了不少：人類食用白糖的份量，由自 19 世紀初的每天 2.5 茶匙，至 19 世紀末的 40（東方人）-80 茶匙（美國人）。一罐可樂便有 40 克糖，大約 8 茶匙。但食用太多的糖，是會引致不少健康問題的，如肥胖、糖尿病等。可是，人類對抗這個問題的方法，竟然不是少食一點糖分，而是發明一大堆統稱為甜味劑的代替品，其中一些代替品比白糖對身體害處更大。

　　甜味劑可以分為兩大類：

- **營養性**：多是碳水化合物，包括單糖、雙糖、低聚糖糖醇、轉化糖等。
- **非營養性**：包括天然甜味劑（例如羅漢果、甜菊糖代）和化學合成甜味劑（例如阿斯巴甜）。

　　以下是一些常見於食物標籤的甜味劑和消費者選擇時需留意的地方：

營養性甜味劑

• 玉米糖漿（Corn Syrup）

　　這是玉米的澱粉質利用酵素來轉化而成的葡萄糖糖漿。因為價錢便宜，是精製食品生產商常用的白糖代替品。

• 果糖（Fructose）

　　果糖是很多食物的天然糖分，而水果的甜味大多來自果糖。它是單糖，比蔗糖還要甜，但血糖指數卻較低。近年，有生產商推出果糖作為糖尿病者的白糖代替品。不錯，果糖的血糖指數比蔗糖低，但仍是高卡路里的碳水化合物，更有研究指出，它會令體內的三酸甘油脂（Triglycerides）上升。以及導致體內的脂肪荷爾蒙敏感度降低（見脂肪荷爾蒙表），變得容易肥胖，對想控制體重的人其實不是一個健康的選擇。

糖的構造

幾乎所有天然糖的化學構造均有一個 6 個碳的環狀化學結構，稱為
6 碳糖或己糖（Hexose）。只有一個己糖的糖亦稱為單糖。最為人熟悉的
單糖包括葡萄糖（Glucose）、半乳糖（Galactose）和果糖（Fructose）。

而食材中常用的糖分則是由兩個己糖組成的雙糖，例如蔗糖（普通的
餐桌糖，Sucrose）便是由葡萄糖和果糖結合而成的，而牛奶中的主要糖
分乳糖（Lactose）則是葡萄糖和半乳糖組成的。

低血糖指數（見下文血糖指數表）
標榜用果糖的食物針對糖尿病患者和
想控制體重的人。

脂肪荷爾蒙（Leptin）

Leptin是一種脂肪細胞會釋出一種能減低食慾的荷爾蒙。肥胖的
人的脂肪細胞會比正常體重的人多，而釋出的脂肪荷爾蒙便會
相對增加。但因為這些人大多同時有脂肪荷爾蒙抵抗（Leptin-
resistance）的現象，對體內的脂肪荷爾蒙毫不敏感，不會因而沒
有「胃口」，反而繼續進食。有研究顯示，體內的脂肪荷爾蒙水平
太高會增加血管栓塞的機會。

● 糖醇（Sugar Alcohol, Polyols）

糖醇又稱多元醇，是氫化了的碳水化合物。它既不是糖，亦不是酒精。

雖然也有天然的糖醇，但大部分市場上用的都是氫化的澱粉質。它的熱量比普通糖低，卡路里只有一半，即大約每克 2 卡路里，但甜度則只有蔗糖的 30~50%。現時，很多產品都會將它與其他化學糖一併使用，作為填充物（將食品的體積擴大）之餘，亦可掩蓋化學糖的苦澀、金屬等味道。不同的原料可氫化作不同的糖醇：

- 木糖醇（Xylitol）：有稱為曬駱駝
- 麥芽糖醇（Maltitol）：多以糖漿使用
- 異麥芽糖醇（Isomaltitol）
- 赤蘚糖醇（Erythritol）
- 甘露醇（Mannitol）
- 山梨醇（Sorbitol）

糖醇的好處是它們不會被引致蛀牙的細菌利用，其中一些還能防止這些細菌黏在牙齒上，有防止蛀牙（Anti-cariogenic）的作用，故很多香口膠、香口珠都會用糖醇。另外，它們不會在小腸內被吸收或消化，是血糖指數甚低的物質，但是，它在肝臟會被轉化成葡萄糖，所以糖尿病人不宜食用過量。而部分糖醇會在大腸中作為益生素，成為益菌的食糧。益生菌代謝糖醇會產生氣體，造成肚脹的感覺，食用過量，甚至有肚瀉的情況出現。

「含有曬駱駝（木糖醇）」的香口膠、香口珠等，雖然聲稱含有木糖醇，但其實為了增加甜度和保持在口腔中的甜味超過 15 分鐘，生產商會加入其他化學糖，消費者必須細看標籤。

● 塔格糖（Tagatose）

塔格糖是天然的單糖，其甜度是蔗糖的 90%，但卡路里則不及蔗糖的一半（只有 38%）。它是最新得到 FDA 批准售賣的糖，擁有「公認安全」（GRAS）的地位。塔格糖可以轉化為調理腸道的益生素，屬機能性

食品。它不會引致蛀牙，對血糖和胰臟的影響很少。在一些減肥產品可以找到塔格糖，但由於是天然，價錢昂貴，所以這類產品不多。

● 海藻糖（Trehalose）

海藻糖是一種雙糖，其甜度是蔗糖的一半，卡路里則是蔗糖的90%。它擁有「公認安全」（GRAS）的地位。海藻糖是日本人發明的，它是從澱粉質提煉出的，有緩瀉的效果。

血糖指數／升糖指數（Glycemic Index, GI）

這是量度食物在進食後兩個小時內，血糖（即葡萄糖）上升水平的幅度，指數以食用葡萄糖作依據。食用葡萄糖後，兩小時內血糖的增加值為100作基準。

並不是所有食物代謝的速度都是一樣的，有些食物會快速增加血液中葡萄糖的水平。血液中的葡萄糖會令胰臟釋出胰島素，令葡萄糖進入細胞內。近年，很多研究指出，如果體內胰島素的水平過度起伏，對身體的機能會造成很大的衝擊。長期食用高血糖指數的食物，會增加患上很多慢性病的機會，如肥胖症、糖尿病、心臟病等。所以，科學家都建議多食用低血糖指數的食物，或採取少食多餐的政策。

各種碳水化合物的血糖指數：

葡萄糖	100
白麵包	71
馬鈴薯	65
蔗糖	60
番薯	51
白飯	48
意粉	41
木糖醇	13

這些甜味劑都是天然的，能量非常低，但甜度極高。它們的構造複雜，與單糖和它們的聚合構造糖非常不同。目前，最具市場價值的兩種天然甜味劑有甜菊糖代和羅漢果糖：

● 甜菊糖（Stevia）

甜菊糖代是一種源自熱帶、亞熱帶甜菊植物（Stevia Plant）的提取物。提取物中最主要的帶甜物質是甜菊貳（Stevioside），味道極甜，比蔗糖要甜 300~400 倍。用作甜味劑，很少份量已經足夠。西方國家這幾十年才留意到甜菊，但其實南美等國家用甜菊的葉作甜味劑已有數個世紀的歷史。甜菊提取物中有過百種化學物質，除了供給甜味之外，還有藥用價值。拉丁美洲等國家還用它作調理身體。據稱，甜菊的葉有降低血糖、降血壓、防止肥胖等作用，亦有用作男士避孕之用。

甜菊在不同國家的合法地位是不同的。1985 年，一個白老鼠實驗發現甜菊可能致癌，這結果令數個國家（如新加坡）或地區（如香港）立法禁止在食品中加入甜菊。但這實驗的可靠性一直受到質疑。很多後來的科研實驗均顯示食用這種糖基本上是安全的。2006 年，世界衛生組織評估這些結果後，認為沒有證據顯示甜菊可致癌，結論是食用這種糖基本上是安全的。

雜果味糖

Stevita Stevia

Stevita Spoonable Stevia uses only stevia extract with at least 95% pure glycosides (extremely sweet tasting ingredients of the Stevia herb leaves), and erythritol, a crystal granulated naturally produced filler found in fruits, vegetables and grains.

甜菊在美國以補充劑形式銷售。

• 香港禁售

香港則在 2002 年全面禁售所有含甜菊糖甙的產品，這些產品大多來自日本。現時進口的日本食品亦因為不能用天然的甜菊作甜味劑，而要改用非天然的、安全性有很大疑問的非天然代糖，如蔗糖素、阿斯巴甜等。

2009 年以後，可以肯定的是，甜菊作為甜味劑的地位將會迅速颷升。原因是於 2008 年底，有食材生產商終於為甜菊產品從美國 FDA 成功取得「公認安全（GRAS）」地位。可以預見，它的代糖地位將會越來越重要。甚至有說有可樂生產商將會生產甜菊版本的無糖飲品。

甜菊作為白糖代替品的好處，除了低卡路里之外，還有的是它在熱和酸鹼環境中都非常穩定，可以用於有烹調食物之用，但缺點是甜菊糖本身有很多其他物質，用得太多，味道可能會苦澀，像甘草的餘味。

• 羅漢果（Luo Han Guo）

這個源自中國的食材，一般人都知道它的藥用價值，但很少人知道它的甜味不是來自簡單的單糖，而是它獨特的化學物質。這些物質的構造與甜菊有點相似，都是比較複雜的碳水化合物。它的甜度比蔗糖高300 倍之多，而且沒有任何不良的副作用。本來是理想的天然代糖，但因為有強烈的羅漢果味，不是所有人都可以接受的。1995 年，Procter & Gamble（P&G）申請了一個用化學溶劑提煉羅漢果甜味劑的專利，這技術能將羅漢果的味道去掉，剩下濃烈甜味。

• 索馬甜（Thaumatin）

索馬甜是非洲西部植物 Katefme 的果實（又稱為蘇丹神奇果）提煉出來的蛋白質甜味劑，由 207 個胺基酸組成，是非碳水化合物的超甜天然甜味劑。這是香港法例准許使用的非營養性天然甜味劑，國際添加劑編碼為 957。

它的甜度非常高，比蔗糖甜 2,000 倍。雖然用量很少便足夠，但因為有很重的甘草餘味，故一般不會單獨使用，而與其他化學甜味劑如阿

斯巴甜一併使用。就如其他蛋白質，每克有大約 4 卡路里，會被消化系統吸收、消化，但因為用量非常少，也算是零能量的甜味劑。

與其他化學甜味素比較，天然的索馬甜甜味劑的價錢當然貴很多，故現時只有一些標榜全天然、有機的食品才會使用。

化學甜味劑（Artificial Sweeteners）

這些都是比蔗糖甜過百倍的人造化學物質。因為價錢便宜，而且標榜有助減肥、控制體重、不引致蛀牙等效用，故非常受消費者歡迎，是非常普遍的食品添加劑。很多糖果、飲品、藥物等都會用這些甜味劑。

現時，香港法例准許以下六種化學合成甜味劑作食品添加劑之用（第 132U 章食物內甜味劑規例）：

國際添加劑編碼	名稱	商標
950	醋磺內酯鉀（Acesulfame Potassium）	Sunette, Sweet One, Sweet'n Safe
951	天冬酰胺（或阿思巴甜）（Aspartame）	Equal, NutraSweet
952	環己基氨基磺酸（Cyclamic）	
954	糖精（Saccharin）	Sweet'n Low
955	三氯半乳蔗糖（Sucralose）	Splenda
956	縮二氨酸基醯胺（阿力甜）（Alitame）	Aclame

950醋磺內酯鉀（Acesulfame-potassium, Ace-K）

醋磺內酯鉀簡稱 Ace-K，比蔗糖甜 150~200 倍，在上世紀 60 年代發明，構造有點像糖精，是口香糖、香口膠、飲品等數以千計的食品中

常用的人造甜味劑。通常與其他化學糖一併使用以互相遮蓋苦澀、金屬等味道，它的熱、酸的安定性比阿斯巴甜高，可用於烘焙。

理論上，醋磺內酯鉀不會被吸收，是一種不會在體內代謝的化學物，而會排出體外。但有科研證據顯示，在白老鼠的實驗中，醋磺內酯鉀能增加胰島素的分泌，安全性受到質疑。

951阿斯巴甜、天冬氨（Aspartame）

阿斯巴甜由兩個氨基酸組成，比蔗糖甜 200 倍，是在上世紀 70 年代開始便被使用的化學甜味劑。它的用途非常廣泛：飲品、香口軟糖、香口膠、低糖食品如糖果、餅乾等。正如很多其他的化學添加劑，廣大的消費者成為了實驗中的白老鼠。阿斯巴甜推出幾十年後，越來越多科研證據顯示其對健康有很大害處。

其實，早在 1970 年，阿斯巴甜已被發現可令白老鼠的腦部生長惡性腫瘤，但美國 FDA 最終還是批准使用。期間進行了很多動物試驗，但試驗期都是比較短，大約兩年以下，毒性還未發揮出來，腫瘤還未出現，實驗便已被終止。直至 2005 年，意大利科學家進行了長期的白老鼠實驗：由白老鼠 8 個星期大時便開始餵飼阿斯巴甜，直至白老鼠死去為止，即實驗時間大約為期三年。研究發現長期食用阿斯巴甜令白老鼠在不同的身體部位生長出惡性腫瘤。

除了會增加患上癌症的機會，阿斯巴甜還有另外一個問題：由於它是由兩個氨基酸，即天門冬氨酸和苯丙氨酸組成。在體內，除了會釋出有毒的甲醇（Methanol），經分解出來的苯丙氨酸更會令患上苯酮尿症的患者中毒，故含有阿斯巴甜的食物標籤上必須附有警告這些患者的字句。

阿斯巴甜的用途是有限制的，它的熱、酸、鹼安定性很低，故不能用於煮食、烘焙等用途。因為這些種種的限制以及對健康的害處，不斷有消費者權益團體要求禁止生產商使用，近年，阿斯巴甜的市場佔有率漸漸被另一個名為三氯半乳蔗糖的化學甜味劑取締。

苯酮尿症（Phenylketonurics）

本酮尿症是一種可遺傳的氨基酸代謝缺陷。患者肝臟缺乏一種可以將苯丙氨酸（Phenylalanine）轉化成為酪氨酸（Tyrosine）的酶，因而會將另一種轉氨酶轉化為苯酮酸，使其出現在尿液中。未被轉化的苯丙氨酸會積聚在患者的腦中，影響大腦的正常功能，嚴重的更可導致小孩的腦部發育不正常，甚至痴呆。

952環己基氨基磺酸（Cyclamate）

這是一個比較早期便開始使用的代糖；但作為代糖，它並不十分有效，因為它只有蔗糖的 30~60% 甜度。環己基氨基磺酸在 1958 年已得到 GRAS 的地位，主要市場是針對糖尿病人。至 1969 年，因為有科研數據指出它有致癌的危機，有些國家（如美國、英國等）開始禁止使用。有證據顯示環己基氨基磺酸與糖精一併使用，會增加患上胱癌的機會。而在腸內的細菌，會將它轉化成一種有毒物質，形成慢性中毒的現象。

經禁止後，一些健怡飲品的配方因而改變，抽出了環己基氨基磺酸，取而代之是另一個混合糖配方：阿斯巴甜加醋磺內酯鉀。

雖然被證實會致癌，然而多達 40 多個國家 / 地區，以至本地還是准許使用其作甜味劑。

954糖精（Saccharin）

這是人類最早發明的甜味劑，用作食品添加劑已有百年的歷史。它比蔗糖甜 300 倍。糖精不會為人體代謝，故沒有卡路里。一如其他代糖，糖精亦有苦澀、金屬的味道。現時多用於非食品類，如漱口水、咳藥水等（但這些食品不受食物標籤法規管，故消費者一般不會知道）。糖精亦會與其他甜味劑混合，用於精製食品。

上世紀 70 年代，因為有研究報告指出在白老鼠的實驗中，糖精可引致膀胱癌。有一段時期，糖精的標籤都規定要寫上警告字句：「食用這產品有礙健康」。但往後，有關長期食用代糖的糖尿病人的研究卻沒有發現他們有增加膀胱癌的趨勢，之前的警告字句亦被抽出。

955三氯半乳蔗糖（Sucralose）

三氯半乳蔗糖又稱三氯蔗糖或蔗糖素，因為製造三氯半乳蔗糖的原材料是蔗糖。但它的構造絕非天然，與蔗糖可說一點關係也扯不上。

它比蔗糖甜 600 倍，在市場的時間比較短，1988 年才在美國獲得 FDA 批准售賣，其後，它在三十多個國家可以售賣。在短短數年間，已成為繼阿斯巴甜後用量最多的甜味劑。近年，甚至有以蔗糖素作甜味劑的健怡可樂版本。

三氯半乳蔗糖的故事與阿斯巴甜的十分相似：在未有大量長期動物試驗結果之前便推出市場，而大眾便成為了實驗白老鼠。

近年，有研究指出，食用三氯半乳蔗糖的白老鼠，其胸腺比對照組的縮小 40%，而腎臟亦有鈣化的跡象。事實上，實驗的動物不像人類，是不會自願食用含三氯半乳蔗糖的食物的，它們的體重比對照組低 7~20%。

956縮二氮酸基酰胺（Alitame）

　　這是一種比較新的甜味劑，在美國還未得到 FDA 批准用作甜味劑，但澳洲、紐西蘭等國家，以及香港等地區是可以使用的。它由兩個氨基酸、丙氨酸和天門冬氨酸組成，甜度可說是所有化學甜味劑之冠，比蔗糖甜 2,900 倍之多。比阿斯巴甜甜 100 倍，但沒有苯丙氨酸，不會引致苯酮尿症。因為甜度高，用一點點便足夠，而且它非常穩定，可用於烘焙食物。

食用代糖有利減肥？

很多人認為，食用代糖能減低攝取來自白糖的能量，但其實很多標榜低糖的食品均有很高的脂肪，能量不少。另外，白老鼠的實驗中，食用化學代糖的白老鼠並不比食用蔗糖的攝取較少卡路里，因為它們會多吃一點以作補償，所以食用代糖的食品基本上無助減肥。

2.4 增味素

增味素是生產商常用的添加劑之一，它對增加食物的營養一點用處也沒有，純粹是為了增加食品對消費者的吸引力。任何食品都可以加入增味素，甚至嬰兒食品。

穀氨酸（Glutamate 620~625）

增味素中，最為消費者關注的是穀氨酸（Glutamate 620~625），簡稱味精。

味精是一名日本科學家發現的。淡而無味的食物，如豆腐、麵食等，加入用昆布放的湯，會為食物帶來甜、酸、苦鹹以外的第五種味道。他稱之為 Umami（旨味），中文解作「鮮味」。經分析後被發現，提供這味道的是一種氨基酸——穀氨酸（Glutamate）。

穀氨酸是蛋白質，天然的食物亦可以含有獨立的穀氨酸，例如番茄、乳酪等便含有高水平的穀氨酸。將蔬菜、肉類水解（煲湯，尤其是老火湯），或發酵過程亦會釋出大量穀氨酸。但餐館用的，絕大部分是化學合成的。

1968 年，科學家 Dr. Robert Kwok 在《英倫醫學雜誌》發表的文章指出，部分人在中國餐館用餐後的各種不適，如頭痛、昏暈、口渴、脖子發癢、焦慮等〔統稱為中國餐館症候群（Chinese Restaurant Syndrome）〕，是由在食品中添加的味精引致的。

至於其中的原理是，穀氨酸是腦部興奮性神經的傳導物質（Neurotrans-mitter），能通過血腦障壁進入腦部，令神經元進入興奮的狀態。有科學家甚至認為，它是一種興奮毒素（Excitotoxin），腦部過量攝取，神經元可能會因太多興奮素刺激而最終興奮致死。但科學家其實對這理論並未有一致的看法，還不時引起激烈的爭論。

食用味精會引致敏感反應？

不少人食用味精後會有「反應」。一般稱之為「敏感」。其實，敏感是一種免疫反應。當暴露於某些無害物質時，免疫系統會產生 IgE 抗體，繼而發生一系列生理反應，如增加黏液分泌、局部性發炎等症狀。但食用味精是不會增加產生 IgE 的。

血腦障壁

血腦障壁（Blood Brain Barrier, BBB）是腦部用來防止血液中的物質進入腦部的障壁，一般只可以應付普通、非加工食物中的穀氨酸，對於大量加入食物的味精，是沒有太大的抵禦能力。

另外，有科學家懷疑引致中國餐館症侯群的是味精以外的物質，例如某些食物中的組胺（Histamine）；又或者是製造味精時產生的污染物，因為天然的穀氨酸引致中餐館症侯群的機會比化學合成的低很多。

已包裝食品中的天然穀氨酸

蛋白質經過水解、發酵等過程，均會解放出天然的穀氨酸，由於這些物質都是天然的，所以不需要在標籤上列明含有大量的穀氨酸，例如魚露、醬油、植物性水解物（Vegetable Hydrolysate）等。

其他增味劑

鳥苷酸（Guanylate 627~629）和肌苷酸（Inosinate 630~633）均是天然的酸性物質——嘌呤（或普林，Purine），通常提取自沙丁魚或酵母（Yeast Extract），它們本身沒有很重的「旨味」，但可以提高食物中天然或合成穀氨酸的。除此之外，還要留意一些人造的調味劑（Artificial

Flavouring），如檸檬味、橙味、蘋果味等。這些都是一些模仿真正味道的人造味道。它們大都是酯類（Esters），有過百種之多，可能對某些人產生不良反應。因為提取的費用昂貴，故一般只會與味精（621）一併使用，而且用量不會很大。

3.

揀選食物秘笈

並非所有食品添加劑都是對健康有很大問題的，故在這部分，只會針對那些消費者最需要留意的物質。

這部分用了一些符號，讓消費者更容易看到這些物質的好處與壞處：

大忌 含有害物質，建議不食用

不宜 暗藏標籤陷阱，建議盡量不食用

注意 可能欠資料或對健康有害物質含量超標，建議小心選購

解說 可從中獲更多健康資訊

平和 對身體無損害

宜 可以選擇的元素

3.1
食用油

　　不是所有油都是一樣的，有用於高溫煮食的，亦有只適宜冷吃的。其中的原因不是有限的篇幅可以涵蓋的。如有需要，可以參考筆者的另一本有關選擇食用油的書。在這裏，我們會針對市場中可以買到的食用油。因為選對食用油對健康的影響比其他營養素，如碳水化合物或蛋白質等對健康重要，用於食用油的營養聲稱亦特別多，例如含奧米加3、不含膽固醇、低飽和脂肪、不含反式脂肪等。要選擇適當的食用油，便得明白這些聲稱背後的意義。

選擇食用油要留意的重點包括：

1. **非皂化物中的營養素**：皂化，即製造脂皂的意思。油的脂肪酸是用來製造肥皂的重要原料，而非皂化物是油中不能用來製造肥皂的部分。這些物質成分複雜，包括維他命、抗氧化物、天然色素、香味素等。不同油的「風味」都包括在非皂化物中。但因為這些物質會受到熱力氧化，變成有害物質，故需要加熱使用的食用油，會將油提煉，除去大部分的非皂化物。經提煉的油失去了風味，但發煙點卻給提高了。如果要攝取非皂化物的好處，便要用未經提煉，而且盡量不要加熱，例如用於沙律。

2. **低、中或高溫煮食**：以前，很多人的廚房只有一瓶食用油，煎、炒、煮、炸都用它。其實食用油之間其中一個最大的分別是它們的發煙點。當油加熱至某個溫度，便會發煙。每種油的發煙點都不同，溫度視乎油的脂肪酸組合和非皂化物的含量。故家裏最好有不同的油以備不同的煮食用途。

3. **奧米加6（Ω6）：奧米加3（Ω3）比例**——近年來，很多科研數據指出，油對健康的影響遠遠不止於其提供的卡路里。食用油是由不同的脂肪酸組成的。其中 Ω6 和 Ω3 是多元非飽和脂肪酸，又稱必須脂肪酸，是我們不能自身製造而必須從食物中攝取的多元非飽和脂肪酸。每一種油的 Ω6：Ω3 比例都不同，而連同飽和脂肪酸和單元非飽和脂肪酸，成為不同油的獨特油脂組合。

Ω6與Ω3的對立現象

Ω6 和 Ω3 是製造很多局部荷爾蒙的前體。它們各自衍生激素，效果大多是相對的。例如，Ω6 衍生的荷爾蒙會令血壓上升，而 Ω3 衍生的卻會令血壓下降；Ω6 衍生的會令發炎加劇，而 Ω3 衍生的卻有消炎的作用。人的身體內，兩者需要平衡，才能達致健康，而攝取 Ω6：Ω3 的理想比例是 4：1 至 1：1。但因很多精製食品都是用含高水平 Ω6 的油作原料，現代人攝取 Ω6：Ω3 的比例高達 25：1。

Ω6是慢性病的源頭

近年，有大量科研數據證實，體內太多 Ω6 是導致很多慢性疾病的原因之一，例如癌症、血壓高、過早衰老等。

要平衡，有多個方法：

- **食用一些不會影響 Ω6：Ω3 比例的油**，即高單元非飽和脂肪含量的油，如橄欖油、高油酸葵花籽油、高油酸紅花籽油等。研究發現，我們只需要有足夠、合比例的 Ω6：Ω3，而不用太多。故一般家用食油，最好用含大量單元非飽和脂肪，因為這些不會影響體內 Ω6：Ω3 的比例。

- **食用 Ω3 補充劑**：Ω6 是植物油中最普遍的油脂，在蔬菜和堅果中有大量的，但含有很多 Ω3 的卻很少，要補充就只需補充 Ω3。

不同煮食用途應用不同的油脂

煮食用途	可用油脂	特點
高溫煎炸 （190°C-250°C）	精鍊奶油 （Ghee）	很有風味，非常耐高溫
	米糠油 （Rice Bran Oil）	味道中性，不會干擾
	葵花籽油（高溫） Sunflower Oil（High Heat）	味道中性，可耐高溫，而且含高水平的單元非飽和脂肪
	紅花籽油（高溫） Safflower Oil（High Heat）	味道中性，可耐高溫，而且含高水平的單元非飽和脂肪
中溫炒煮 （150°C-190°C）	橄欖油 （Olive Oil, Light）	有強烈的橄欖油味道
	葵花籽油（未經精煉） Sunflower Oil（Unrefined）	味道中性
低溫煮食 （沙律油） （<150°C）	初搾橄欖油 （Virgin Olive Oil）	新鮮的有大量的非皂化物，有抗氧化功能，但有濃烈的橄欖油味道
	葵花籽油（未經精煉） Sunflower Oil（Unrefined）	味道比較中性，適合不喜歡橄欖油的人

牛油的種類

牛油不是純正的油脂，含有大量非皂化物，包括水分、維他命和蛋白質。將牛油加熱至發煙點，其中一些非皂化物便會燒焦、變黑，釋出有毒物質。要將牛油的發煙點提高，有兩個方法：其一是加入其他高發煙點的油脂，如橄欖油；另外，便是將牛油純化、精煉（即將蛋白質和其他非皂化物提走）。

純化牛油（Clarified Butter）與精煉牛油（Ghee）是精煉至不同程度的牛油。目的都是將牛油中非油脂的物質去掉，剩下的大部分是飽和及單元非飽和脂肪酸，有很高的穩定性，故精煉牛油的發煙點比較高。

精煉牛油除了油脂之外，沒有水分、蛋白質或乳糖，故即使有乳糖不耐症的人也可以食用。因為飽和脂肪含量高，而且可以被氧化的物質甚少，理論上可以長期貯存在室溫中而不會變壞。

Ω3補充劑，阿麻籽與魚油的分別

市面上的Ω3補充劑大概有兩種：由植物阿麻籽提煉出來的阿麻籽油和來自深海魚的魚油。雖然這些油都含有Ω3，但卻不是完全一樣的。來自魚油的Ω3，碳鏈子比較長，是身體比較容易吸收的Ω3衍生物——EPA和DHA。

阿麻籽油的主要多元非飽和脂肪酸，是亞麻油酸（Alpha Linolenic Acid, ALA）。ALA的碳鏈則比較短，只有18個碳分子。身體要利用ALA，就必須先將它轉化成長碳鏈的Ω3衍生物——EPA（20）和DHA（22），但這轉化過程的效率不高，只有少於1%食用的ALA能衍生成EPA或DHA。而壓力、藥物、咖啡因、病毒，缺乏其他輔助因子（如維他命A、B_2、B_6、C、E，泛酸，缺乏葉酸和礦物質鈣、鎂、鉀、硫磺、鋅等）都會減低我們轉化ALA的能力。

但絕不是說食用阿麻籽油沒有用。它還有一個很有用的地方，就是與Ω6競爭共用的酶，從而令身體減少轉化Ω6成為激素（壞荷爾蒙）。

低油酸葵花籽油

注意 Monounsaturates......24g（單元飽和）

葵花籽有兩個品種：高油酸和低油酸（oleic acid、omega 9）。油酸影響油的發煙點，用途非常不同！

解說 Low-Oleic（低油酸）

亦稱為低油酸（low-oleic）葵花籽油

Fat:	92g
of which:	
Saturates:	10g
Monounsaturates:	24g
of which oleic acid (Omega 9)	24g
Polyunsaturates:	53g
of which	
alpha linolenic acid (Omega 3)	0.1g
linoleic acid (Omega 6)	52.9g
Cholesterol	0mg
Fibre	0g
Sodium	0g
Vitamin E	46mg
%RDA	460%
RDA = Recommended Daily Amount	

STORE IN A COOL, DARK PLACE
DO NOT HEAT ABOVE 150ºC.

解說 Vitamin E 46mg

只有未經精製的才會保留油籽中的非皂化物，維他命 E。

解說 linoleic Acid......52.9g

這種的多元非飽和脂肪比較高。油酸：Ω6 比例是 1：2。

注意 Store......Above 150℃（貯藏）

因未經精煉，只可以作中溫煮食。（150℃）

高油酸葵花籽油

Monounsaturates:	69g
of which oleic acid (Omega 9)	68g
Polyunsaturates:	12g
of which	
alpha linolenic acid (Omega 3)	0.2g
linoleic acid (Omega 6)	11.8g
Cholesterol	0mg
Fibre	0g
Sodium	0g
Vitamin E	46mg
%RDA	460%
RDA = Recommended Daily Amount	

STORE IN A COOL, DARK PLACE
DO NOT HEAT ABOVE 190ºC.

宜 Monounsaturates: 69g
of which Oleic......68g
linoleic acid......11.8g
（單元飽和）

油酸：Ω6 比例是 5：1，可媲美橄欖油。長期食用不會擾亂體內 Ω6:Ω3 比例，是很好的選擇！

解說 Store in......190℃
（貯藏）

產品列明可用於中高溫煮食之用。（190℃）

解說 發煙點

發煙點比低油酸高 40℃。亦稱為高油酸（high-oleic）葵花籽油。

葵花籽油

宜

Mono Unsaturates　2.8g　24.0g

（單元非飽和脂肪）

Polyunsaturates　8.7g　57.0g

（多元非飽和脂肪）

油　酸（Mono Unsaturates）：Ω6（Polyunsaturates）比例是 1：3，是低油酸葵花籽油，只適合中溫煮食，因為經過精煉，已提走大部分非皂化物，但油的發煙點比未經精煉的高一點。

解說 發煙點

適合中高溫煮食（180℃）。

米糠油

Total Fat 15 g	總脂肪 15 g	23%
Saturated Fat 3.5g	飽和脂肪 3.5g	18%
Monounsaturated Fat 6 g	單元未飽和脂肪 6 g	
Polyunsaturated fat 5 g	多元未飽和脂肪 5 g	
Cholesterol 0mg	膽固醇 0mg	0%
Sodium 0mg	納 0mg	0%
Total Carbohydrate 0g	碳水化合物總量 0g	0%
Dietary Fiber 0g	膳食纖維 0g	0%
Sugars 0g	糖 0g	
Protein 0g	蛋白質 0g	
Vitamin A 維他命A 0%	Vitamin C 維他命C	0%
Calcium 鈣質 0%	Iron 鐵質	0%
Vitamin E 維他命E 4%		

*日攝值百分率基於2,000卡路里日膳食

品名：

Description:　King Rice Bran Oil - High Oryzanol

成份：　100%純米糠油

Ingredients:　100% Pure Rice Bran Oil

解說 含多種營養

米糠油的特點是發煙點高。經提煉的米糠油，發煙點是254℃，非常適合高溫煮食。另外，米糠油含非皂化物穀維素（Oryzanol）和一種高效能的維他命 E——生育三稀醇（Tocotrienol）。

宜 抗氧化

市面上的米糠油有兩種：便宜一點的已將穀維素提走，而品質較高的則保留了這寶貴的抗氧化物。

宜 降低膽固醇

穀維素也是抗氧化物，對降低膽固醇穀維素能有幫助。減低膽固醇的吸收，從而令血液中的膽固醇下降。它還能防止脂肪酸氧化。LDL 含氧化脂肪酸是膽固醇堵塞血管的主要原因。

解說 發煙點

適合高溫煮食（254℃）。

橄欖油

注意 **橄欖油級別標準**

市面上的橄欖油有多個級別。這些級別是由國際橄欖油評審委員會（International Olive Oil Council, IOOC）訂定的。他們以食用油的化學分解物質作標準來訂定橄欖油的級數。

其中一項最重要的指標是油中的自由油酸（Free Acid）含量。壓榨過程做得不好，油脂中的自由酸水平便會增加。

注意 **過氧化物含量**

另外一項指標是過氧化物（Peroxide）的含量。油是一種不穩定的物質，容易被光、熱和空氣分解。過氧化物過高，便會有「油膩」（Rancidity）現象。而攝取過氧化物會增加體內自由基的產生，損害健康。

解說 **壓榨過程分級別**

純正橄欖油：壓榨的過程與頂級的大同小異，但所用的原料稍為次等，可能是第二或第三次壓榨出來的油。純正橄欖油的自由油酸水平必須在 2% 以下。（發煙點：132℃）

解說 **橄欖油級別**

依照這些指標，橄欖油可分為頂級（Extra Virgin）、純正（Pure）、淡味（Lite）和精煉（Refined）等級別。

解說 **頂級橄欖油**

頂級橄欖油：所用的原料是最頂級的，採摘後在 24 小時內清洗、烘乾，打碎，然後以機械方法，在 30℃ 之下壓榨出第一道初榨橄欖油。壓榨過程中，絕不能加入任何化學溶劑。自由油酸的水平必須低於 0.8%，而過氧化物的水平是每公斤少於 20mEq。頂級橄欖油保留了大部分抗氧化物、維他命 E 和 K，以及多酚（Polyphenol）。顏色通常偏綠，且味道濃郁。（發煙點：46℃）。因為含有大量非皂化物，只適宜冷吃。

解說 **淡味橄欖油**

淡味橄欖油：幾乎所有的抗氧化物在提煉時給提走，故顏色與味道較頂級和純正橄欖油淡。（發煙點：186℃）

解說 **精煉橄欖油**

精煉橄欖油：這是一些比較劣質的橄欖油，以化學添加的方法，將自由油酸中和，來改善油的味道。（發煙點：194℃）

純化牛油

Nutrition Facts
Serving Size 1 teaspoon (5g)
Servings Per Container about 43

Amount Per Serving	
Calories 45	Calories from Fat 45

	% Daily Value*
Total Fat 5g	8%
Saturated Fat 3g	15%
Trans Fat 0g	
Cholesterol 8mg	3%
Oxidated Cholesterol 0mg	0%
Sodium 0mg	0%
Total Carbohydrate 0g	0%
Dietary Fiber 0g	0%
Sugars 0g	
Protein 0g	

Vitamin A 3% • Vitamin C 0% • Calcium 0% • Iron 0%
* Percent Daily Values are based on a 2,000 calorie diet.

注意 純化牛油

純化牛油只剩下油脂,其他
的營養素容易受高溫氧化,
如碳水化合物和蛋白質等,
都已被去掉。

Ω3魚油

解說 Vitamin......(d-Alpha Tocopherol)
（維他命E）

魚油含容易氧化的 Ω3。故品質較好的
都會加入天然的抗氧化物維他命 E。

Supplement Facts		Serving Size 1 Soft Gel
	Amount Per Soft Gel	% DV
Calories	9	
Calories from Fat	9	
Total Fat	1 g	2% ☆
Vitamin E Natural (d-Alpha Tocopherol)	10 IU	33%
Omega-3 Fatty Acids (from fish oil)	600 mg	†
EPA (Eicosapentaenoic Acid)	300 mg	†
DHA (Docosahexaenoic Acid)	200 mg	†
Other Omega-3's	100 mg	†

解說 Epa (Eicosapentaenoic) 300mg +

Dha (Docosahexaenoic) 100mg +

深海魚油含大量的 Ω3 衍生物 EPA 和 DHA。

阿麻籽油

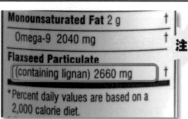

Monounsaturated Fat 2 g	†
Omega-9 2040 mg	†
Flaxseed Particulate	
(containing lignan) 2660 mg	†
*Percent daily values are based on a 2,000 calorie diet.	

注意 不能加熱

絕對不能加熱。

解說 (Containing Lignan) 2660 mg
（含水酚素）

留意這產品除了油之外，還保留了阿麻籽非常寶貴的木酚素（Lignan）微粒。木酚素是植物纖維，亦是一種植物雌激素（Phytoestrogen），有抗菌、抗過濾性病毒、抗真菌、抗乳癌、大腸癌的作用。有研究顯示，每天食用 10~15 克阿麻籽粉，可防止因雌激素刺激而產生的乳癌，亦能抑制乳癌的擴散。

注意 Ω3不穩定

阿麻籽 Ω3 含量最高的植物油籽。Ω3 是非常不穩定的油，貯存得不好，會很容易氧化，會有油膩（氧化了的油千萬不要食用，因為極不健康，甚至會致癌的）。故一般都會用黑色的樽裝着和冷藏。購買的時候還需留意食用日期和較有商譽的店子。

椰子油

解說 椰子油補充劑

用作補充劑的椰子油，一般不會用來煮食的。

Nutrition Information Nutritionnelle	
Serving/Portion : 15ml (1tbsp /c. à table)	
Energy/Énergie	120 Cal/500kJ
Protein/Protéines	0 g
Fat/Matières grasses	14g
Polyunsaturates/polyinsaturées	0.15g
Monounsaturates/monoinsaturées	0.85g
Saturates/saturées	13g
Cholesterol/cholestérol	0mg
Carbohydrates/Glucides	0g

平和 Polyunsaturates......0.15g（多元不飽和脂肪）

Monounsaturates......0.85g（單元不飽和脂肪）

Saturates......13g（飽和脂肪）

椰子油含大量的飽和脂肪，非常穩定，適合高溫煮食。但因為椰子味道強烈，不是很多人可以接受的。
一些冷壓製的椰子油亦有以補充劑方式出售。

3.2
奶類及
豆奶類

牛乳代替品

　　市面上的仿奶類飲品種類繁多，其中一個主要的原因是越來越多人（包括成人和小孩）對牛奶敏感。所謂敏感可以分為兩類：很多東方人都有乳糖不耐症（Lactose Intolerance），吃了牛乳會肚瀉，而另一類人對牛乳中的蛋白質，尤其是乳蛋白（Whey）和酪蛋白（Casein）敏感。

　　大部分的牛奶代替品都是用不同植物的提取物來製造的，沒有乳糖和牛乳蛋白營養成分（見下表），與牛乳差不多，一些還會加入各種維他命，但風味、質感、味道等其實都很不同。而因非奶類的飲品味道都比較淡，故生產商都會在飲料中加入糖分，大約每 100 毫升有 4 克。

	全脂奶	高鈣低脂奶	大豆奶 （Soy Milk）	小麥奶 （Oat Milk）
能量（千卡路里）	67	57	42	64
蛋白質（克）	3.3	4	2.9	3.2
脂肪（克）	3.8	2	1.8	2.8
纖維（克）	0	0	0.83	0.8
鈣（毫克）	113.5	165	33	3

非奶類奶油

這種又名為奶精或植物末（Non-dairy Creamer）的產品，是很多寫字樓茶水間必備的，主要是來改變咖啡、奶茶的口感和味道。它們通常沒有乳糖，但有牛奶酪蛋白和植物脂肪，而所用的植物脂肪一般都經過氫化，含有反式脂肪。

營養性奶類產品

這些產品簡稱為麥精，除了含有大量小麥粉和植物脂肪之外，還加入了很多維他命和食用纖維，但纖維素的含量差異很大。另外，一些品牌用的植物性脂肪是含有反式脂肪的。在營養標籤法例正式實施之前，消費者還是需要小心選擇。

非奶類奶油

咖啡奶粉

大忌 食用氫化植物油，穩定劑
（E340ii）

這是很多寫字樓都有的恩物。但它
不是牛奶，而是氫化了的植物脂
肪，含有反式脂肪的！

配料：葡萄糖浆，食用氫化植物油,稳定劑(E340ii,
E452i,E331iii),酪蛋白(含牛奶蛋白),乳化劑
(E471,E472e),食用香料／调味剂,抗结剂(E551)。
Ingredients: Glucose syrup,hydrogenated
vegetable oil,stabiliser(E340ii,E452i,E331iii),
casein(contain milk protein),emulsifier
(E471,E472e),flavouring,anticaking agent(E551).

有機豆奶

Total Carbohydrate 12g	4%
Dietary Fiber 1g	5%
Sugars 9g	
Protein 7g	

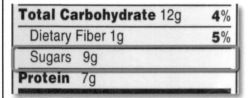

解說 Sugars 9g（糖）

產品中的糖分是另外添加的。每食用
份量便有大約 2 茶匙。

宜 Organic Soymilk（有機豆奶）

有機產品，即用的大豆不經基因改造。

高鈣低脂牛奶

營養成份　（每100毫升） NUTRITIONAL COMPOSITION (per 100ml)		
成份 APPROXIMATE COMPOSITION	高鈣低脂奶 SLIMILK	一般牛奶 REGULAR MILK
PROTEIN 蛋白質	4.0g(克)	3.1g(克)
FAT 脂肪	2.0g(克)	3.5g(克)
碳水化合物 CARBOHYDRATE	5.6g(克)	4.6g(克)
CALCIUM 鈣質	165mg(毫克)	110mg(毫克)
其它礦物質 OTHER MINERALS	0.7g(克)	0.7g(克)
ENERGY 能量	57.0Kcal(千卡路里) 238.6KJ(千焦耳)	62.0Kcal(千卡路里) 260.0KJ(千焦耳)

注意　低脂成分

全脂牛奶的主要成分除了水（87%），便是脂肪和蛋白質。蛋白質包括體積較大的乳酪蛋白（Casein）和水溶性較高的乳清蛋白（Whey）。乳酪蛋白包圍着脂肪小球，令光波散射，是牛奶呈白色的原因。低脂奶（或稱脫脂奶）減少了牛乳中的脂肪，光便會透過牛乳，不只失去白色，甚至會呈藍色。生產商需要加入不同的穩定劑，好令「稀溜溜」而不白的液體變得像牛乳一點。

大忌　穩定劑

大堆的「穩定劑」是甚麼呢？

E170：碳酸鈣，用作色素，令牛奶更白色和增加產品中鈣的含量。

E401：藻酸鈣（Sodium Alginate）、E407：鹿角菜膠（Carrageenan）、E412：瓜耳膠（Guar Gum）、E460：纖維素（Cellulose）和E466：纖維素膠（Cellulose Gum）都是植物提煉出來的纖維素，用來令液體有濃稠的感覺。

E470：硬脂酸鹽（Salt of Stearic Acid），包括鈉、鉀和鈣鹽，用作隱定劑，在澳洲是禁用的。

E477：脂肪酸丙二醇酯（Propylene Glycol Esters of Fatty Acids）亦是用作穩定劑。

成份：水、鮮牛奶、奶固體、穩定劑(E460,E466,E407,
E170,E471,E412,E470,E401)、維他命A及D。(鈣質佔
產品重量0.16%)

解說　穩定劑（E460, E466, E407, E170...... E401）

全脂奶則一般不會使用這些添加劑的。

牛乳

▓▓▓▓奶類飲品		
非脂乳固體	8.4%以上	
乳　　脂	3.5%以上	
成　　份	鮮奶100%	
內　容　量	1000ml	
殺　　菌	140℃三秒間〈超高溫處理〉	
	避免陽光直射,請保存在冷暗場所	
	開啟後請貯藏於10℃以下	
	賞味期限前飲用完為佳	

注意 **成分無調整**

通常全脂牛乳的營養素都不會
經過調整的,但脫脂奶就非常
不同了。

注意 **殺菌 140℃ 三秒間……10℃以下**

外國入口的牛奶,因為需運送和貯存,大多是經過超
高溫消毒的:140℃,1至3秒。這過程能將牛奶中的
所有細菌殺死,可存放在室溫一段時間。但開封後,
空氣中的細菌還是會令牛乳變壞,故必須冷藏和盡快
食用。

解說 **巴氏消毒**

牛乳有不同包裝。本地的牛乳通常都會用巴氏消毒
(Pasteurized),即大約 63℃,15 秒。巴氏消毒不能
殺死所有的細菌,所以需要冷藏以減少剩餘細菌滋生
的機會。

燕麥飲品

NUTRITIONAL INFORMATION
Serves per pack : 4
Serving size : 250mL

	Avg qty per serve	Avg qty per 100mL
Energy (kJ)	675	270
Protein (g)	8	3.2
Fat (g) total	7	2.8
- Saturated (g)	1.25	0.5
- Trans (g)	nil	nil
- Polyunsaturated (g)	1.75	0.7
- Monounsaturated (g)	4	1.6
Cholesterol (mg)	nil	nil
Carbohydrates (g) total	15.5	6.2
- Sugars (g)	9	3.6
-- Lactose (g)	nil	nil
-- Galactose (g)	nil	nil
Dietary Fibre (g)	2	0.8
Sodium (mg)	80	32
Calcium (mg)	7.5	3
Gluten (mg)	25	10

PROCESSOR 3067P
AUSTRALIAN
CERTIFIED
ORGANIC

解說 加入葵花籽油

這款燕麥飲品便添加了葵花
籽油。留意油的單元非飽和
脂肪是多元非飽脂肪的3倍，
媲美橄欖油的脂肪。

宜 Organic（有機）

有機產品

宜 Sugars(g)　9　3.6（糖）

產品標榜全天然，故沒有添加任可蔗糖。產品中的糖分
是燕麥的天然糖。

解說 Monounsaturated (g)　4　1.6（添加植物油）

因為各種問題，如牛乳蛋白敏感、乳糖不耐症，一些人
需要選擇其他的代替品。這些代替品的營養成分其實與
牛乳非常不同，例如，大部分都會添加其他植物的油脂。

即溶牛奶麥精飲品

營養標示 Nutrition Facts

	平均組成 Average Composition	單位 Unit	每100公克 Per 100g	每一份量27公克 Per Serving27g
熱量	Energy	大卡 Kcal	444	119.88
蛋白質	Protein	公克 g	9.44	2.5488
脂肪	Fat	公克 g	15.59	4.2093
碳水化合物	Carbohydrate	公克 g	66.48	17.9496
膳食纖維	Dietary Fiber	公克 g	3.08	0.8316
維生素A	Vitamin A	微克 mcg	343.18	92.6586
維生素 B1	Vitamin B1	毫克 mg	0.35	0.0945
維生素 B2	Vitamin B2	毫克 mg	0.38	0.1026
菸鹼酸	Niacin	毫克 mg	6.87	1.8549
維生素 B6	Vitamin B6	毫克 mg	0.09	0.0243
葉酸	Folic Acid	微克 mcg	270.00	72.9
維生素 B12	Vitamin B12	微克 mcg	0.97	0.2619
維生素 C	Vitamin C	毫克 mg	0.42	0.1134
維生素 E	Vitamin E	毫克 mg	1.11	0.2997
泛酸	Pantothenic Acid	毫克 mg	0.20	0.054
肌醇	Inositol	毫克 mg	54.48	14.7096
膽鹼	Choline	毫克 mg	151.77	40.9779
鈉	Sodium	毫克 mg	301.02	81.2754
鈣	Calcium	毫克 mg	552.99	149.3073
磷	Phosphorus	毫克 mg	496.26	133.9902
鐵	Iron	毫克 mg	0.53	0.1431
鎂	Magnesium	毫克 mg	62.00	16.74
碘	Iodine	微克 mcg	3.48	0.9396
鉀	Potassium	毫克 mg	921.98	248.9346

解說 膳食纖維

食用纖維可分為水溶性纖維和非水溶性纖維。兩者均不為人體所消化，但生理作用是不同的。水溶性纖維是大腸益菌的食糧。而非水溶性的能幫助增加糞便的體積。這裏並沒有列明。

●牛奶麥精飲品：含9.44%蛋白質、3.08%纖維及1.79% 磷酸氫鈣。(含有麩質的穀類) ●配料：麥芽精(含有麩質的穀類)、全脂奶粉、乳清(奶類)、糖、植物油、乳脂(奶類)、菊澱粉、鈣、鹽、酸度調節劑(E5001)及抗結劑(E551)。●有效期限：2年 ●保存方法：宜置於乾燥陰涼處 ●此日期前最佳(日/月/年)：見樽底 ●沖調方法：

注意 植物油

請留意食品是用「植物油」，但沒有列明是用甚麼油。

即溶麥片

 Hydrpgemated vegetable fat

含反式脂肪的氫化植物油

Ingredients : Cereals (Wheat Flour [contains gluten] , Soya, Sugar, Corn, Malt, Rice, Glucose, Salt), Sugar, Wheat Flour (contains gluten), Malted Barley (contains gluten), Skimmed Milk Powder, Calcium Carbonate, Non Dairy Creamer, Dried Whey, Hydrogenated Vegetable Fat, Salt, Lactose, Acidity Regulator (Potassium Bicarbonate), Vitamins (C, Niacin, E, Pantothenic Acid, B6, B2, B1, A, Folic Acid, Biotin, D, B12), Milk Proteins, Ferric Pyrophosphate, Zinc Oxide.

成份：谷物（小麥粉（含有麩質）、大荳、糖、五米、麥芽、米、葡萄糖、鹽）、糖、小麥粉（含有麩質）、大麥芽（含有麩質）、脫脂奶粉、碳酸鈣、植物奶精、干乳清、氫化植物脂肪、鹽、乳糖、酸度調節劑（碳酸氫鉀）、維他命（C、烟酸、E、泛酸、B6、B2、B1、A、叶酸、生物素、D及B12）、乳蛋白群、焦磷酸铁及氧化锌。

注意 糖份佔 13.4g（克）

獨立包裝的飲品（咖啡、奶茶等）都有一個共同的問題（除了不環保之外），就是都已加入了糖分。這款就每包有大約3茶匙。不喜歡食用太多糖分的最好買家庭裝的，隨喜好調味。

	Per 32g Serving 每包32克含量	**%NRV/ RDA***	**Per 32g Serving 每包32克含量**	
Vitamin D 維他命D	1.65 μg(微克)	33%	Energy 热量	506 kJ(千焦耳)
Thiamine 維他命B1	0.46 mg(毫克)	33%		119 kcal(卡路里)
Riboflavin 維他命B2	0.53 mg(毫克)	33%	Protein 蛋白质	3.8 g(克)
Niacin 烟酸	5.95 mg(毫克)	33%	Carbohydrate	
Calcium 钙质	500 mg(毫克)	63%	碳水化合物	23.8 g(克)
Iron 铁质	3.08 mg(毫克)	22%	(of which sugars)	
Vitamin A 維他命 A	264 μg(微克)	33%	(糖份占)	13.4 g(克)
Vitamin E 維他命E	3.30 mg(毫克)	33%	Fat 脂肪	0.9 g(克)
Vitamin C 維他命C	19.8 mg(毫克)	33%	(of which saturates)	
Vitamin B6 維他命B6	0.66 mg(毫克)	33%	(饱和脂肪占)	
Folic Acid 叶酸	66 μg(微克)	33%	Fibre 纤维	0.60 g(克)
Vitamin B12 維他命B12	0.33 μg(微克)	33%	Sodium 钠质	0.99 g(克)
Biotin 生物素	0.05 mg(毫克)	33%		0.17 g(克)
Pantothenic Acid 泛酸	2.0 mg(毫克)	33%		
Zinc 锌	2.55 mg(毫克)	17%		

NUTRITION FACTS 營養成份

* CODEX NRV/EC RDA 营养参考指数 / 欧共体每日推荐摄入量

3.3
奶粉

解讀嬰兒配方的標籤，其實不如想像中複雜。基本的營養素，蛋白質來自牛乳蛋白，碳水化合物來自來自乳糖，脂肪來自動物或植物油，然後加入不同的添加劑，如必須脂肪、低聚糖等，最終的目標是盡量能模仿母乳。

脂肪

脂肪是營養素中對嬰兒健康最具影響力的元素之一。它除了作為提供熱量的元素，亦對嬰兒的生長非常重要。事實上，近年嬰兒配方的改變，很多均與脂肪有關。脂肪酸配得不好，影響可以很大。例如，一份2003年的研究報告指出，配方中的棕櫚酸成分太高，是會影響嬰兒骨骼的生長。

嬰兒配方中的油脂多源自植物，如葵花籽油、大豆油、椰子油和棕櫚油等，不同配方的油脂分別最大。亦有少數會加入動物油脂，如豬油。當然，加入動物油脂，油分中便會含有膽固醇，這是植物油中沒有的。這也不用大驚小怪，膽固醇是細胞構造的重要元素之一，而母乳亦含有不少的膽固醇。

近年，很多配方以「含 DHA、ARA」等作營銷推廣。它們都是必須脂肪酸，是人體不能自身製造而必須從食物中攝取的。對不斷成長的嬰兒來說，這些元素尤其重要。它們需要大量的必須脂肪酸來製造神經元、眼部、細胞壁等，是母乳供給嬰兒的重要元素之一。腦部的神經元中60% 是脂肪，其中，12% 是 ARA，而 17% 是 DHA。攝取不足夠的必須脂肪酸已被證實會影響嬰兒的成長和日後的智力發展。

蛋白質

奶粉的蛋白質大多來自牛乳。牛乳的蛋白質可分為體積較大、水溶性較低的乳酪蛋白（Casein）和較容易消化的乳清蛋白（Whey），比例是8：2。母乳的乳酪蛋白或乳清蛋白比例是4：6至3：7，較易消化的乳清蛋白比例比牛乳高很多。故很多食用奶粉嬰兒會有「消化不良」的問題，為了令奶粉的蛋白質成分近似母乳，牛乳的蛋白質就必須先經過調整。一些配方會另行加入乳清蛋白，將乳酪蛋白與乳清蛋白的比例調較至6：4。而另一些配方會利用酵素先將乳酪蛋白分解成體積較小的蛋白質。這樣，除了減低嬰兒對牛乳蛋白敏感的機會，更有助嬰兒消化和吸收。

碳水化合物

碳水化合物的部分，多來自乳糖（Lactose）和麥芽糊精（Maltodextrin）。一些嬰兒會有乳糖不耐症（Lactose Intolerance），這是因為他們腸內不能製造足夠的乳糖分解酵素，故一些產品是沒有乳糖的。

維他命和礦物質

維他命包括 A、B_1、尼克酸（Niacin, B_3）、B_{12}、C、D、E、K 和泛酸，而礦物質則包括鈉、鉀、磷、鈣、鎂、錳、硒、鐵、銪、銅和鋅。基本上，這些元素的含量都是依照美國小兒科醫學會的建議，各品牌的都差不多。

其他營養素

事實上，經過多年的改良，各品牌的營養素含量相差不大，最大的分別應該是因應最新的「研究」結果而加入的各種元素，這些大都可以從產品的「聲稱」中找到。它們大都可以歸納為以下多個範疇：

1. 結構單元

- **核苷酸（Nucleotides）**：是「新配方」中常見的元素。這些是製造基因的單元，對於一些需要不斷更新的組織如免疫細胞尤其重要。

- **氨基酸（Amino Acids）**：大部分都可以自身製造或從食物中的蛋白質分解物攝取，嬰兒需要的氨基酸由牛乳的蛋白質提供，為求能與母乳的成分更接近，一些配方會添加阿金氨基、胱氨酸等。

2. 腦部發育

- **唾液酸（Sialic Acid）**：很多研究都指出，食用母乳的嬰兒，其智力的發展比食用奶粉的優勝，多年來，科學家都希望發現它們之間的分別。而唾液酸被視為其中重要元素。唾液酸是可以在唾液中找到的一種低聚糖，在母乳中，亦有很高的水平。哺乳的嬰兒，其唾液中的唾液酸含量非常高。如果食用沒有添加唾液酸的配方，嬰兒唾液的唾液素含量亦只有哺乳的一半。近年，有多項研究指出，唾液酸的代謝與學習有很大關係。一個小豬實驗比較食用不同配方的智力發展，食用添加了唾液素的小豬，學習能力比較優勝。

- **必須脂肪酸（Essential Fatty Acids）**：來自深水魚的二十二碳六烯酸（DHA）和花生四稀酸（ARA）。

3. 腸道健康

　　嬰兒出生後一兩天的時間，腸道便會被來自環境中的細菌「侵佔」。這些細菌包括有益腸道的「益菌」和有害的「害菌」。這些菌賴以生長的營養素是不同的。益菌利用水溶性纖維作養分，而「害菌」則利用大腸內並未消化完成的蛋白質。可以想像一條空間有限的隧道，當大部分地方被益菌佔據着，害菌的數目便得縮少；但如果有很多養分供給害菌（如消化系統不能處理的蛋白質），它們的數目便會增多，益菌可佔據的地方便得減少。

益菌的用途

益菌對健康有益。其中的益處包括製造一些維他命，如維他命 K，增加糞便的體積（糞便的固體中，其中一半可以來自細菌），避免毒素積聚在腸道內，另外，還可減低嬰兒患上食物敏感、哮喘等免疫系統問題的機會。

對身體有益的腸道主要菌種，包括乳酸菌和雙岐桿菌。食物對雙岐桿菌的生長尤其重要。食用母乳的嬰兒，腸道益菌的雙岐桿菌數目維持在一個很高的水平。但當轉食奶粉時，益菌的數目便大幅下降至成年人的水平。做媽媽的應有這個經驗吧：嬰兒食用母乳時，大便很黃，氣味不太臭：但轉用奶粉後，大便即變得黑，而且很臭，一些嬰兒甚至有「熱氣」、便秘的情況，這當然與其腸道的健康狀況有很大的關係。除了是因為配方的蛋白質比較難消化，另外的一個重要原因，是與腸道內的雙岐桿菌大幅減少有關。

奶粉生產商當然明白這個道理，近年，「流行」在配方中加入一些增進腸道健康的補充劑，以補配方的「不足」。要增加腸道中雙岐桿菌的數目，有兩個方法，兩種都有生產商採用，其一是在配方中加入活生生的益菌；另一個方法是加入水溶性纖維，好讓益菌有更多養分，從而增加繁殖。

- **益生素**（Prebiotics）：這是益菌用作養分的元素，在標籤上的「低聚糖」便是益生素了。低聚糖其實是碳水化合物，但它的一些結構不能為人體消化系統的酵素分解而完整地進入大腸，被大腸中的益菌利用作養分。中國人給寶寶轉奶粉時，用作化解「熱氣」的古方是薏米水。薏米有大量的水溶性纖維，其中一個功用正是給腸內的益菌利用。

- **益生菌**（Probiotics）：這些是活生生的細菌，主要添加進嬰兒配方的是雙岐桿菌，添加細菌在配方中有多個問題：

☆ 從環境中攝取的雙岐桿菌，品種很多，而添加進配方的，只限於 1-2 種。選擇哪一種是重要的考慮。

☆ 菌是活生生的才有用。貯存得太久，菌的「活性」剩下多少，是一個很大的疑問。生產商一般都只能「保證」出廠時細菌的活性，消費者購買的時候，所剩的有多少，就不得而知了。如果購買這些產品，要特別留意出廠日期，產品愈「新鮮」愈好。

☆ 胃液中的酸性亦會殺死一部分從食道進入體內的細菌，有多少可以順利到達大腸再發揮效用就不得而知了。

☆ 溫度太熱等亦會殺死這些菌，故生產商會強調準備時不能用太熱的水，不然，菌都會被殺光的。

4. 增強免疫力

幾乎所有配方都強調可以增強免疫力，這是因為母乳最大的特點是它有能對抗疾病的免疫血球蛋白，而且還有活生生的白血球，對嬰兒的免疫系統有激化的作用，這是無論何種配方都不能比擬的。事實上，大部分食用母乳的嬰兒，健康是比食用奶粉的好，這是能增強嬰兒的免疫力是各生產商的重要研究課題的原因。

用來「增強免疫力」元素（Immune Booster）的成員包括：

* **益生菌和益生素**：腸道健康與免疫力有很大的關係，因為體內超過一半的免疫組織是與腸有關連的。腸道的免疫系統運作能減少嬰兒患上食物過敏症。

* **核苷酸（Nucleotides）**：是用來製造基因的元素。添加的其中一個背後的理念，是免疫細胞需要不斷更新，需要大量的核苷酸用以製造基因。但效果只是對某些病毒而已，保護性絕對不如母乳。[10-19]

日本嬰兒奶粉

品牌❶

栄養成分の量とバランスを
母乳に近づけています
ベータ・ラクトグロブリン（低減）
ラクトアドヘリン
DHA アラキドン酸
コレステロール

不宜 營養成分接近母乳

「營養成分接近母乳」：這種聲稱違反國際衛生組織中，有關嬰兒配方市場推廣指引。一般經代理商進口的奶粉很少會有這樣的聲稱。

注意 膽固醇 74mg

母乳含相當份量的膽固醇，是一般只用植物油脂的配方很少會有的。這款嬰兒配方中的膽固醇來自豬油。

栄養成分(100g 当たり)					
エネルギー	505 kcal	ビタミンB₁	0.3 mg	銅	320 µg	コレステロール	74 mg

栄養成分(100g 当たり)							
エネルギー	505 kcal	ビタミンB₁	0.3 mg	銅	320 µg	コレステロール	74 mg
たんぱく質	11.8 g	ビタミンB₂	0.6 mg	亜鉛	3 mg	シスチン	180 mg
脂質	25.9 g	ビタミンB₆	0.3 mg	塩素	310 mg	タウリン	28 mg
糖質	57.2 g	ビタミンB₁₂	2 µg	カリウム	490 mg	ヌクレオチド	14 mg
食物繊維	0 g	ナイアシン	6.1 mg	マンガン	30 µg	セレン	7.4 µg
ナトリウム	140 mg	パントテン酸	3.7 mg	フラクトオリゴ糖	2.0 g	イノシトール	90 mg
灰分	2.3 g	葉酸	100 µg	β-カロテン	70 µg	カルニチン	10 mg
ビタミンA	390 µg	リノール酸	3.6 g	アラキドン酸	26 mg	その他成分	
ビタミンD	6.5 µg	カルシウム	380 mg	αリノレン酸	0.43 g	水分	2.8 %
ビタミンE	6.2 mg	リン	210 mg	DHA	100 mg		
ビタミンK	25 µg	マグネシウム	40 mg	(ドコサヘキサエン酸)			
ビタミンC	50 mg	鉄	6 mg	リン脂質	210 mg		

解說 豚脂分別油

產品用的油脂除了棕櫚油、大豆油，還包括動物油脂和豬油，是少數用動物油脂的嬰兒配方。

種類別 調製粉乳 原材料名 乳糖、調整食用油脂(大豆白絞油、パーム核油、**豚脂分別油**、乳清たんぱく質、バターミルク、カゼイン、フラクトオリゴ糖、デキストリン、食塩、乳清蛋白質抽出物、酵母、ピロリン酸鉄、リン酸Ca、炭酸Ca、塩化Mg、炭酸K、V.C、塩化K、タウリン、乳化Ca、硫酸亜鉛、イノシトール、シチジル酸Na、V.E、ナイアシン、V.A、V.D、ウリジル酸Na、パントテン酸Ca、イノシン酸Na、グアニル酸Na、5'-AMP、硫酸銅、V.B₂、V.B₁、V.B₆、カロテン、葉酸、V.K、V.B₁₂ 内容量 930g 賞味期限 缶底の上段左側に記載 保存方法 乾燥した涼しい場所に保管してください 製造者 明治乳業株式会社KS 東京都江東区新砂1-2-10

嬰兒奶粉

品牌❷

成份：乳清粉，全脂奶 棕櫚仁油 黃豆油，脫脂奶，乳糖，高油酸葵花油 棕櫚油酸脂油，多種維生素及礦物質，精製魚油，酪蛋白，核苷酸

解說 **高油酸葵花油 精製魚油**

高油酸葵花油的油酸成分媲美橄欖油，其他的油分亦包括棕櫚油。而精製魚油是主要 Ω3 衍生物（DHA）的來源。亞油酸和亞麻油酸則來自含多元非飽和脂肪酸的植物油，如黃豆油。

解說 **唾液酸**

這款奶粉標榜全新改良配方，加入了對嬰兒智力有利的唾液酸。

Linoleic Acid	亞油酸	(g)	3.5
α-Linolenic Acid	α－亞麻酸	(g)	0.38
Docosahexaenoic Acid	二十二碳六烯酸	(mg)	60
Phospholipid	磷脂	(mg)	185
Arginine	阿金氨基酸	(mg)	425
Cystine	胱氨酸	(mg)	240
Tryptophan	色氨酸	(mg)	210
Taurine	牛磺酸	(mg)	35
Nucleotide	核苷酸	(mg)	6
Oligosaccharide	低聚醣	(g)	0.5
Sialic Acid	唾液酸	(mg)	195
Calcium	鈣	(mg)	350
Phosphorus	磷	(mg)	231
Iron	鐵	(mg)	7.0
Sodium	鈉	(mg)	135
Potassium	鉀	(mg)	460
Magnesium	鎂	(mg)	33
Chloride	氯	(mg)	315
Manganese	錳	(μg)	30

解說 **Oligosaccharide 低聚醣 (g) 0.5**

低聚糖是益生素（prebiotics），是給益菌作養分的碳水化合物

嬰兒奶粉

品牌❸

NUTRITIONAL INFORMATION 營養成份資料

Ingredient: Enzymatically hydrolysed whey protein, lactose, maltodextrin, vegetable oil, minerals (sodium citrate, calcium citrate, calcium chloride, Di-sodium phosphate, magnesium chloride, sodium chloride, ferrous sulphate, zinc sulphate, copper sulphate, potassium iodide, sodium selenate), refined tuna fish oil, vitamins (choline, C, ... B6, B1, B2, folic acid, K, biotin), taurine, inositol, nucleotides, bifidus (not less than 1 X 10⁷ cfu/g ex. Factory). .... milk product.
.... 奶、麥芽糊精、食用植物油、礦物質（檸檬酸鈉、檸檬酸鈣、氯化鈣、氯化鎂二水、氯化鈉、氯化鈉、磷酸二鈉、硫酸亞鐵、硫酸銅、鏑化鉀、硒酸鈉）、精煉吞拿魚油、維生素（膽礆、C、葉酸類、添加、B6、B1、B2、葉酸、K、生物素）、牛磺酸、肌醇、核苷酸、雙歧天然益酸（出廠時不低於1 X 10⁷ cfu/g）。含奶類製品。

Average Composition 營養成分 平均含量		Per 100g of Powder 每100克奶粉	Per 100ml of Prepared Formula 每100毫升標準奶液
ENERGY 熱量	Kcal 千卡	487	67
	KJ 千焦耳	2040	281
FAT 脂肪	g 克	22	3.04
Linoleic acid 亞油酸	g 克	3.2	0.44
α-Linolenic acid 亞麻酸	mg 毫克	383	53
DHA 二十二碳六烯酸	mg 毫克	41	5.66
ARA 花生四烯酸	mg 毫克	42	5.8
PROTEIN 蛋白質	g 克	13.4	1.85
CARBOHYDRATES 碳水化合物	g 克	58.8	8.11
Lactose 乳糖	g 克	45.4	6.27
MINERALS 礦物質	g 克	2.8	0.39
Sodium 鈉	mg 毫克	250	34
Potassium 鉀	mg 毫克	575	79
Chloride 氯	mg 毫克	375	52
Calcium 鈣	mg 毫克	470	65
Phosphorus 磷	mg 毫克	375	52
Magnesium 鎂	mg 毫克	47	6
Manganese 錳	μg 微克	Min.30	Min.4
Selenium 硒	μg 微克	9.8	1.4
Iron 鐵	mg 毫克	8.3	1.1
Iodine 碘	μg 微克	100	14
Copper 銅	mg 毫克	0.58	0.08
Zinc 鋅	mg 毫克	5.8	0.81
MOISTURE 水份	g 克	3	90.41
Vitamin A 維他命A	IU 國際單位	1900	270
	μg RE 微克RE	580	81
Vitamin D 維他命D	IU 國際單位	440	60
	μg CE 微克CE	11	1.5
Vitamin E 維他命E	IU 國際單位	5.8	0.81
	mg TE 毫克TE	3.9	0.54
Vitamin K 維他命K	μg 微克	22	3
Vitamin C 維他命C	mg 毫克	49	6.7
Vitamin B1 維他命B1	mg 毫克	0.73	0.1

解說 **聲稱減低敏感**

牛乳蛋白經過處理，將蛋白質部分分解，聲稱是可以減低嬰兒對牛乳乳酪蛋白產生敏感。

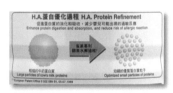

H.A.蛋白優化過程 H.A. Protein Refinement
促進蛋白質的消化和吸收，減少嬰兒可能出現的過敏反應
Enhance protein digestion and absorption, and reduce risk of allergic reaction

粗顆粒的牛奶蛋白質
Large particles of cow's milk proteins

細顆粒的優化蛋白質
Optimized small particles of proteins

† European Patent Office © 922 589 01, 05.07.1989

注意 Enzymatically Hydrolysed Whey Protein Than 1 × 10⁷ cfu/g ex. Factory（益生菌）

這款配方加入了雙歧桿菌（益生菌，Probiotics），此乃出廠時的菌數。如果要保存這些菌的活性，飲用的時候必須依照生產商的指示。

An optimized, hypoallergenic protein blend, obtained through a special treatment†, which considerably reduces the allergenic potential of cow's milk, and as a result the risk for later symptoms of allergy.
優質蛋白質經過雀巢專利的酵素水解過程†後，幫助減低一般牛奶配方可能引致的過敏反應，並減低日後產生過敏的機會。

Naturally active cultures that help to protect your baby by stimulating a healthy gut flora.
雙歧天然益菌，維持足夠的腸道益菌量，有助提升嬰兒抵抗力。

Two special fatty acids found in breast milk, which are important for your baby's defense system, and contribute to the development of brain and vision.
DHA及ARA是母乳中兩種重要的脂肪酸，有助調節嬰兒天然免疫反應，促進腦部及視力發展。

嬰兒奶粉

品牌❹

	Per 100kcal 每100卡路里
熱量，卡路里	100
蛋白質，克	2.1
脂肪，克	5.5
亞油酸，克	0.9
亞麻酸，毫克	90
花生四烯酸，毫克	34
二十二碳六烯酸，毫克	17
碳水化合物，克	10.5
滋酸，毫克	37
維生素A，國際單位	300
維生素D，國際單位	60
維生素E，國際單位	1.8
維生素K₁，微克	9
維生素B₁，微克	75
維生素B₂，微克	180
維生素B₆，微克	67
維生素B₁₂，微克	0.4
維生素B₃，微克	1200
葉酸，微克	16
泛酸，微克	570
生物素，微克	2.8
維生素C，毫克	20
膽素，毫克	24
鈣，毫克	78
磷，毫克	43
鎂，毫克	8
鈉，毫克	28
鉀，毫克	110
氯化物，毫克	74
碘，微克	15
鐵，毫克	1.8
鋅，毫克	1
錳，微克	11
銅，微克	63

解說　濃縮乳清蛋白

這款奶粉的其中一個賣點，是用了高水平的乳清蛋白，比較容易消化。

平和　單細胞油⋯⋯（DHA）之來源

配方中的多元非飽和脂肪源自單細胞生物，如水藻類和菌類，而非深海魚。

成份：乳糖、植物油、**濃縮乳清蛋白**、脫脂奶、乳化劑(卵磷脂)、礦物質(碳酸鈣、氯化鈣、氫氧化鉀、檸檬鉀、檸檬鈉、氯化鎂、硫酸亞鐵、硫酸鋅、硫酸銅、碘化鉀、檸檬酸鉀、檸檬酸鈉、鹽化物、硫酸錳及硫酸鋅)、**單細胞油** (Mortierella alpina 油、Crypthecodinium cohnii 油) 為花生四烯酸 (ARA) 及二十二碳六烯酸 (DHA)之來源、維生素 (維生素K₁、生物素、葡萄糖聚合物、氯化膽素、維生素B₂、葉酸、泛酸胺、維生素K₁、維生素B₁、維生素B₂、維生素B₆、維生素A及維生素C)、葡萄糖聚合物、牛磺酸、核苷酸(一磷酸腺苷式、一磷酸胞苷、鳥嘌呤核苷酸二鈉、尿核苷一磷酸二鈉)、抗氧化劑(維生素C及棕櫚酸抗壞血脂) 及肌醇。(含有奶類及大豆)

		Per 100kcal 每100卡路里	Per 100g of Powder 每100克的奶粉	Per 100ml of Recon. Product (12.8g) 每100毫升的奶水(12.8克)
Food Energy, kcal	熱量，卡路里	100	528	67.6
Protein, g	蛋白質，克	2.1	11	1.42
Fat, g	脂肪，克	5.5	29	3.7
Linoleic Acid, g	亞油酸，克	0.9	4.7	0.61
Linolenic Acid, mg	亞麻酸，毫克	90	475	60.8
Arachidonic Acid, mg	花生四烯酸，毫克	34	180	23
Docosahexaenoic Acid, mg	二十二碳六烯酸，毫克	17	90	11.5
Carbohydrate, g	碳水化合物，克	10.5	56	7.1
Sialic Acid, mg	滋酸，毫克	37	195	25
Vitamin A, IU	維生素A，國際單位	300	1600	200
Vitamin D, IU	維生素D，國際單位	60	310	40
Vitamin E, IU	維生素E，國際單位	1.8	9.4	1.2
Vitamin K₁, mcg	維生素K₁，微克	9	47	6.0
Thiamine, mcg	維生素B₁，微克	75	390	50
Riboflavin, mcg	維生素B₂，微克	180	940	120
Vitamin B₆, mcg	維生素B₆，微克	67	350	45
Vitamin B₁₂, mcg	維生素B₁₂，微克	0.4	2	0.26
Niacin, mcg	維生素B₃，微克	1200	6300	800
Folic Acid, mcg	葉酸，微克	16	84	10.8
Pantothenic Acid, mcg	泛酸，微克	570	3000	380
Biotin, mcg	生物素，微克	2.8	15	1.9
Vitamin C, mg	維生素C，毫克	20	106	13.6
Choline, mg	膽素，毫克	24	127	16.3
Calcium, mg	鈣，毫克	78	410	52
Phosphorus, mg	磷，毫克	43	230	29
Magnesium, mg	鎂，毫克	8	42	5.4
Sodium, mg	鈉，毫克	28	148	18.9
Potassium, mg	鉀，毫克	110	590	75
Chloride, mg	氯化物，毫克	74	391	50
Iodine, mcg	碘，微克	15	79	10
Iron, mg	鐵，毫克	1.8	9.4	1.2
Zinc, mg	鋅，毫克	1	5.3	0.68
Manganese, mcg	錳，微克	11	59	7.5
Copper, mcg	銅，微克	63	330	42

嬰兒奶粉

品牌❺

解說 濃縮乳清蛋白（奶）

濃縮乳清蛋白，即乳酪蛋白水平比較低，比一般沒有濃縮乳清的比較容易消化。

解說 植物油：（高油酸……大豆油）

清楚列明植物油的來源（其他配方一般只會寫「植物油」）：紅花籽油、椰子油和大豆油，是少數不用棕櫚油的配方。

成份：

脫脂奶，乳糖(奶)，**植物油：（高油酸含量的紅花籽油，椰子油，大豆油）**，**濃縮乳清蛋白（奶）**，礦物質：(磷酸鈣，碳酸鈣，氯化鉀，氯化鈉，氯化鎂，硫酸亞鐵，硫酸鋅，硫酸銅，硫酸錳，亞硒酸鈉)，維生素：(維生素C，氯化膽鹼，抗壞血酸鈉，抗氧化劑(抗壞血酸棕櫚酸鹽)，M-肌醇，α醋酸生育酚，抗氧化劑(混合生育酚(大豆))，煙醯胺，泛酸鈣，棕櫚酸維生素A，維生素B1，維生素B2，維生素B6，β-胡蘿蔔素，葉酸，維生素K1，生物素，維生素D3，維生素B12)，源自M. Alpina油的花生四烯酸(大豆)，源自C. Cohnii油的二十二碳六烯酸(大豆)，核苷酸：(5'-單磷酸胞嘧啶核苷，5'-單磷酸鳥嘌呤核苷二鈉，5'-單磷酸尿嘧啶核苷二鈉，5'-單磷酸腺核苷，氨基乙磺酸。

APPROXIMATE ANALYSIS：成份分析

	Units 單位	Powder Per 100 G 每百克奶粉	*Standard Dilution Per 100 ML 標準調法每百毫升
Energy 熱量	Kcal (KJ) 千卡	526 (2200)	68 (285)
Protein 蛋白質	g 克	10.9	1.4
Fat 脂肪	g 克	28.9	3.71
Linoleic Acid 亞油酸	mg 毫克	5257	676
Linolenic Acid 亞麻酸	mg 毫克	520	67
Carbohydrate 碳水化合物	g 克	55.3	7.1
Moisture 水份	g 克	2.0	–
Taurine 氨基乙磺酸	mg 毫克	35	4.5
Inositol 肌醇	mg 毫克	24.7	3.2
VITAMINS			
Vitamin A 維生素A	IU 國際單位	1577	203
Vitamin D3 維生素D3	IU 國際單位	315	41
Vitamin E 維生素E	IU 國際單位	16	2.1
Vitamin K1 維生素K1	mcg 微克	42	5.4
Vitamin C 維生素C	mg 毫克	47	6
Folic Acid 葉酸	mcg 微克	79	10
Vitamin B1 維生素B1	mcg 微克	526	68
Vitamin B2 維生素B2	mcg 微克	788	101
Vitamin B6 維生素B6	mcg 微克	315	41
Vitamin B12 維生素B12	mcg 微克	1.31	0.17
Niacin 煙酸	mg 毫克	5.5	0.71
Pantothenic Acid 泛酸	mcg 微克	2365	304
Biotin 生物素	mcg 微克	23	3
Choline 膽鹼	mg 毫克	84	10.8

	Units 單位	Powder Per 100 G 每百克奶粉	*Standard Dilution Per 100 ML 標準調法每百毫升
MINERALS			
Ash	g 克	2.9	0.37
Sodium 鈉	mg 毫克	126	16
Potassium 鉀	mg 毫克	552	71
Chloride 氯化物	mg 毫克	342	44
Calcium 鈣	mg 毫克	410	53
Phosphorus 磷	mg 毫克	221	28
Magnesium 鎂	mg 毫克	32	4.1
Iron 鐵	mg 毫克	9.5	1.2
Zinc 鋅	mg 毫克	3.94	0.51
Manganese 錳	mcg 微克	50	6
Copper 銅	mcg 微克	473	61
Iodine 碘	mcg 微克	32	4.1
Selenium 硒	mcg 微克	12	1.5
Nucleotides Equivalents 核苷酸	mg 毫克	56	7.2

* Standard Dilution is 128.5 grams of powder diluted to one liter
標準沖調法：128.5克奶粉沖調成1公升奶水

不同品牌奶粉的營養素比較

		品牌❶
	每100克	
能量	能量（千卡）	505
蛋白質	總蛋白質（克），包括： 乳清蛋白（Whey Protein）和 乳酪蛋白（Casein）	11.8
碳水化合物	總碳水化合物	57.2
油脂	食用植物油（Vegetable Oil）（克）	25.9
	必須脂肪酸（EFA）	
	亞油酸（Linoleic Acid）（克）	3.6
	亞麻酸（α-linolenic Acid）（毫克）	430
	二十二碳六烯酸（DHA）（毫克）	100
	花生四烯酸（AA）（毫克）	26
其他	涎酸（唾液酸）（Sialic Acid）（毫克）	
	雙歧桿菌（Bifidus Bacteria）	
	核苷酸（Nucleotides）（毫克）	14
	低聚糖（Oligosaccharides）（克）	2
	硒（Selenium）（毫克）	
稱聲	必須脂肪酸	
	蛋白質	提高好的乳清蛋 比例
	益生素	低聚糖
	益生菌	
	免疫力	胡蘿蔔素
	其他	鐵

品牌 ❷	品牌 ❸	品牌 ❹	品牌 ❺
519	511	528	526
12.3	11.5	11	10.9
54.8	57.7	56	55.3
27.8	26	29	28.9
3.5	3.8	4.7	5.2
380	450	475	520
60	57	90	
	58	180	
195	195	195	
	有		
6	23.8		
0.5			
	10.2		
必須脂肪酸	必須脂肪酸	必須脂肪酸	
	優質蛋白質（酵素水解）		
低聚糖			
	雙岐桿菌		
核苷酸		涎酸、鐵	

揀選食物秘笈 奶粉

109

3.4 冷藏及冷凍食品

　　冷藏（Frozen）是將食物急速降溫至零下的溫度（通常 -18℃或以下），食物都變得硬繃繃的。維持在這個溫度，是可以防止細菌、酶菌等的生長。只要保持食物在這狀態，不用加入任何防腐劑，它們其實都可以避免感染。故在超級市場的食品中，最沒有添加劑的是未經精製的冷藏食品，如冷藏魚、冷藏雞等。就算是那些已煮好的冷藏食品，只要避免在包裝物料中用微波爐加熱，使包裝物料的化學物質轉移到食物中，它們其實都是比較健康的選擇。

　　另外，置於 0~4℃冰箱中的是冷凍（Chilled）食品，這類食品種類繁多，在這裏，只會集中談及經過醃製的食品，如火腿、香腸的選擇重點。大部分經過醃製的食品仍然含有防腐劑亞硝酸鹽。生產商在食品中加入亞硝酸鹽除了是因為其防腐作用，還有的是經亞硝酸鹽醃製的食品有一種特別的風味是普通鹽醃食品沒有的。事實上，因為亞硝酸鹽對健康的影響（見防腐劑），近年越來越多生產商研製不用亞硝酸鹽醃製的食品，包括火腿、薩拉米香腸等。大部分都會以酸度調節劑代之，以求複製用亞硝酸鹽醃製的味道。現時香港的超級市場也有數款不用亞硝酸鹽醃製的食品給消費者選擇。

　　相比其他國家或地區，尤其是印度、中東地區等，中國素食文化比較單調，元素不離利用黃豆（如腐竹、豆腐等）和小麥的蛋白質（麵筋）。可以買回來的半製成食品，很多時還是炸過的，其中油分和鈉都十分高，只要不是經常進食問題不太，但談不上是健康食品。

　　近年吃素次數比較頻密，留意到市場多了一些半加工的素食食品，很多超市都有，而且亦越來越多食肆採用，只要標籤沒有太嚴重問題的都會試試看。

豬肉腸

- *All natural ingredients*
- *Traditional English recipe*
- *Premium quality pork*

解說 All natural ingredients（全天然食材）

因為用了乳酸鈉作防腐劑，生產商稱聲食品是全天然的。其實，很多國家對「天然」是有定義的。如美國法例，含有乳酸鈉的食品便不能附合。

解說 Pork Meat（豬肉含量）

產品沒有列明所含豬肉比例。

Pork Sausage 農村豬肉腸

Ingredients 成份：
Pork Meat Pork Fat Animal Casing, Salt, Fine White Pepper,
Sodium Lactate

豬肉．豬脂肪、動物腸衣、鹽、白胡椒粉、乳酸鈉

解說 Sodium Lactate（乳酸鈉）

乳酸鈉是比較新的防腐劑，由粟米提煉出來，對壓制李氏桿菌特別有效。一般認為這防腐劑比較亞硝酸鹽（Nitrites）或重亞硫酸鈉（Metabisulphite）是較好的選擇。

豬肉腸

Ingredients: pork(85%)water,salt,spices(contain celery, mustard),condiments,aromatic spice, dextrose,glucose syrup,stabilizer(E 331,E 450) acidity regulator (E 262),pig intestine skin

成份：豬肉,水,鹽,香料(包括芹菜,芥末),
調味劑,芬芳香料,葡萄糖,葡萄糖漿,
穩定劑(E331,E450),酸度調節劑(E262),

平和 Stabilizer (E331, E450)（防腐劑）

E331，檸檬酸鈉類（Sodium Citrate），E450，二磷酸（Diphosphate）和 E262，乙酸鈉（Sodium Acetate）都是用來調節酸度的化學劑，亦有防腐作用，通常被視作安全的。

解說 Light（低脂肪）

light 是指脂肪含量比較低的意思。比其他牌子的脂肪低 30%。

注意 100g Enthalten Durchschnittlich（防腐劑）

產品上沒有營養標籤，沒有有關鹽含量的資料。這類產品可能用鹽作防腐劑，含量比較高，消費者要留意。

豬肉腸

INGREDIENTS

Ingredients: Pork (70%), Water, Rusk (wheatflour, salt, raising agent (ammonium bicarbonate)), Pork Fat, Salt, Pork Collagen Sausage Casing, Spices, Emulsifying Salt (sodium triphosphate), Preservative (sodium metabisulphite), Antioxidants (sodium citrate, ascorbic acid), Contains cereals containing gluten, sulphite.

 列明豬肉含量

因為是極度精製的食品，消費者是無從知道腸肉有多少是肉、多少是油脂，多少是結締組織、動物器官，或填充物質（如小麥蛋白）。

優質香腸都會列明產品內有多少肉（如豬肉，瘦肉的含量可能有高達 85%），這產品含肉量70%，算是高了！

 大忌 Preservative......Meta Bisulphite（防腐劑）

新鮮的肉腸是未有經過硝酸鹽醃製，但用重亞硫酸鈉（Sodium Metabisulphite）作的防腐劑，對一些人或會引致敏感反應（如哮喘）。

PROTECTIVE ATMOSPHERE
STORAGE INSTRUCTIONS
Keep Refrigerated.
Consume by "Use By" Date.
Once opened, use immediately.

注意 Protective atmosphere （保護性氣體）

大多數導致食物腐爛的細菌都需要氧氣才能生存。食物包裝時將氧氣抽出，而其他氣體代替（如臭氧（O3）、氮（N2）、二氧化碳的混合氣體（CO2）），會幫助延長食物的保質期，但這並不代表產品是無菌的。

加熱食用製品

宜 營養機能食品

火腿

Nutrition Facts
Serving Size 4 slices (56g)
Servings Per Container 4

Amount Per Serving

Calories 60   Calories from Fat 20

	% Daily Value*
Total Fat 1.5g	2%
Saturated Fat 0.5g	3%
Trans Fat 0g	
Cholesterol 30mg	10%
Sodium 520mg	22%
Total Carbohydrate 1g	0%
Dietary Fiber 0g	0%
Sugars 1g	
Protein 10g	

大忌 注意鹽份

通常，不含硝酸鹽或二硫化物的醃製食品，鈉的含量是比較高的。

解說 Sodium 520mg 22%（鈉）

現時市場上已越來越多火腿、薩拉米香腸等傳統醃製食品不用硝酸鹽（Nitrates）或二硫化物（Bisulphite）等作防腐劑，而改用酸度調節劑。但味道與普通醃製的是有分別的，比較酸。

- No Nitrates or Nitrites added
  EXCEPT FOR THOSE NATURALLY OCCURRING IN NATURAL FLAVOR.
  - No Artificial Ingredients
    - Minimally Processed
      - No MSG added
- Raised without added Hormones
  FEDERAL REGULATIONS PROHIBIT THE USE OF HORMONES IN PORK.
    - Gluten Free

***SOLUTION INGREDIENTS: WATER, SALT, TURBINADO SUGAR NATURAL FLAVOR, LACTIC ACID STARTER CULTURE (NOT FROM MILK).
GLUTEN FREE

平和 Turbinado Sugar（螺旋糖）

螺旋糖（Turbinado Sugar），是未經精製的蔗糖。

冰鮮瘦豬肉

宜 不含長肉劑（瘦肉精）Beta-agonists

HACCP 產品監控

冰鮮雞下髀

宜 無添加荷爾蒙

無添加生長激素

不使用抗生素飼養

不使用防腐劑

素豬肉

PRODUCT NAME 產品名稱
OmniPork (Plant-based minced meat)
新豬肉（純植物物碎）

PRODUCT DESCRIPTION 產品描述
R&D, ingredients sourced and proprietary blend produced in Canada; assembled in Thailand
加拿大研發、採購及製作專有配方；泰國生產

INGREDIENTS 成分
Water, Protein Blend (Soy Protein Concentrate, Soy Protein Isolate, Shiitake Fermented Pea & Rice Protein), Thickeners (Methylcellulose, Maltodextrin), Yeast Extract, Potato Starch, Cane Sugar, Salt, Natural Flavour (Contains Canola and Sunflower Oil), Barley Malt Extract, Colour (Beet Red), Dextrose. Contains Soybeans & Cereals Containing Gluten (Barley).
水、蛋白質配方（大豆濃縮蛋白、大豆分離蛋白、以香菇發酵的豌豆及米蛋白）、增稠劑（甲基纖維素、麥芽糊精）、酵母提取物、馬鈴薯澱粉、蔗糖、鹽、天然調味料（含芥花籽油和葵花籽油）、大麥麥芽提取物、色素（甜菜紅）、葡萄糖。含大豆及含有麩質的穀類（大麥）。

非基因改造

Cruelty-free（免於殘忍）
是指沒有動物成分。

解說 雖然是精製，但其非天
然的添加劑如色素、添
味劑等算是比較少。

灌湯小籠包

 大忌 增味劑621

621 是穀氨酸一鈉，即味精。

成份：
麵粉（含有麩質的穀類）、水、豬肉、豉油（含有大豆）、薑、糖、蔥、增味劑(621)、食鹽、麻油。

食用方法：
蒸：無須解凍，除去包裝袋，連耐熱膠盤蒸10-12分鐘
即可食用。

儲存方法：
請存放在零下18度之冰箱內。

不加防腐劑
No Preservative Added
淨重：300克
NET WT.: 300g
15件裝

大忌 連耐熱膠盤蒸10-12分鐘

生產商建議可以在包裝中用微波
爐加熱，但為了避免有毒化學物
質釋出，最好還是放在陶瓷或玻
璃的食用器皿中加熱比較安全。

解說 不需加入防腐劑

放在 -18℃ 冰箱的食
品通常不需要加入防
腐劑。

素餐肉

解說 多加留意鈉的含量，煮的時候避免大量添加鹽分，以免過量攝取。

 宜 <u>蛋白質配方（大豆濃縮蛋白、溶性小麥蛋白、大豆分離蛋白）</u>

<u>天然色素（甜菜紅）</u>

白菜豬肉餃

大忌 **脂肪總量 10.8克/g**

豬肉餃子的肥肉含量甚高！
來自脂肪的卡路里佔總卡路
里的一半：10.8×9 ＝ 97.2
卡路里。

熱量/Energy	202(845) Kcal(KJ)/千卡(千焦)
蛋白質/Protein	9.6 克/g
脂粉總量/Fat, total	10.8 克/g
－飽和脂肪/Saturated fat	1.7 克/g
膽固醇/Cholesterol	27.1 毫克/mg
碳水化合物/Carbohydrate	16.6 克/g
－糖/Sugars	1.2 克/g
膳食纖維/Dietary fibre	5.3 克/g
鈉/Sodium	540.0 毫克/mg
鈣/Calcium	48.0 毫克/mg

大忌 **膽固醇 / Cholesterol**

因為是動物油，所以其膽固醇含量亦非常高：
每 100 克有 27 毫克。

冷藏薄餅

 Trans Fat 3g（反式脂肪）

反式脂肪：薄餅的乳酪部分和餅底部分均用了氫化脂肪，故反式脂肪的含量非常高。2006 年，美國協會的建議是每天由反式脂肪攝取的卡路里應不超過總卡路里的 1%。即成年女士不應食用超過 2 克反式脂肪，而成年的男士則不應食用超過 2.5 克。食用 1 個這樣的薄餅已超標了。

 Sodium 840mg 35%（納）

鈉含量每食用份量是 840 克，即 2.1 克鹽，是每日食鹽攝取量上限的三分之一。

3.5
早餐食品

很多人喜歡食用粟米片、麥片作早餐。如果懂得選擇，其實這些早餐是可以成為一日中非常重要的一餐，某些人，一天所需要的纖維攝取量來自這些早餐。一些品牌更另外添加了維他命、鈣質等營養素（見下表）。

其中消費者最需要留意的包括：

- **維他命**：很多早餐食品額外加入了維他命，可提供每日所需。

每100克（每食用份量大約40~45克）聲稱	每日建議攝取量
熱量（千卡）	
蛋白質（克）	
脂肪（克）	
飽和（克）	
碳水化合物（克）	
食用纖維（克）	
糖	
鈉（毫克）	650
鉀（毫克）	80
維他命A（微克）	800
維他命B$_1$（毫克)	1.4
維他命B$_2$	1.6
維他命B$_3$（Niacin，菸鹼酸，煙酸）（毫克）	18
維他命B$_6$（毫克）	2
維他命B$_{12}$（微克）	1
維他命B$_9$（Folic Acid，葉酸）（微克）	200
維他命C（毫克）	60
維他命D（微克）	5
鐵質（毫克）	14
鈣（毫克）	793
（食用份量）（克）	

- **食用纖維**：專家的意見是我們每天需要食用足夠的纖維：女性是每天 20~25 克，男性是每天 30~40 克。一些市面上的即食早餐是可以提供部分所需的纖維，但要懂得選擇，因為它們之間可以有很大的差異。
- **糖分**：很多早餐食品有太多糖分，可以選擇一些沒有加入糖分（No Added Sugar），而是用乾果提供甜度。
- **基因改造**：70% 的粟米、小麥、大豆等都是經基因改造的（見基因改造食物）。因為現時是沒有規定標籤上列明有沒有基因改造成分，有敏感傾向的，最好選擇有機的，因為有機認證規定不可使用基因改造食材。

品牌❶	品牌❶	品牌❸	品牌❹	品牌❺	品牌❻
380	400	392	345	384	418
5	6.7	8	14.5	9.5	4.8
0.3	1.9	2	4.5	5.7	3.4
0.1	0.4	0.8	0	0.8	3.4
90	87	81	72	68.7	81.7
3	2.3	9	✓20	8	1.4
✗32	✗33	15	22	23.5	✗37.4
650	✗900	270	345	80	209
80	100			340	
23	30	25	0		
57	36	21		21	36
25	31	25		50	44
56	33	21		39	31
50	35	25		20	30
40	50		100		80
25	33	36	100	50	30
13	40	4/			33
50	66	28			
18	24	14	15	47	30
			25		29
30	40	45	25	40	30

香甜玉米片

品牌❶

大忌 膳食纖維

低纖

不宜 Per 30g Serve 每份30克

營養素　114kcal（千卡）

留意這款早餐的食用份量比其他的低，只有30克，糖分高，纖維少。

大忌 Sugars 糖

高糖

玉米片

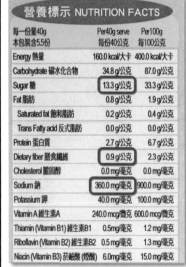

品牌❷

大忌 Sugar 13.3g/公克 （糖）

高糖

大忌 Dietary Fiber 0.9g/公克
（膳食纖維）

低纖

大忌 Sodium 360.0mg/公克
（鈉）

高鈉

葡萄乾糠片

NUTRITION FACTS/ FAKTA KHASIAT/ 營養成份		
○ Per 45g serve Hidangan Setiap 45g	○ Per 100g Setiap 100g	○ % RDI*
• Serving Size/ Saiz Hidangan: 45g		
• Servings Per Package/ Hidangan Sebungkus: 6		
ENERGY/ TENAGA/ 熱量	176.4 kcal	392.0 kcal
CARBOHYDRATE/ KARBOHIDRAT/ 碳水化合物	36.5 g	81.0 g
SUGAR/ GULA/ 糖	6.8 g	15.0 g
FAT/ LEMAK/ 脂肪總數	0.9 g	2.0 g
SATURATED FAT/ LEMAK TEPU/ 飽和脂肪	0.4 g	0.8 g
TRANS FATTY ACID/ ASID TRANSLEMAK/ 反式脂肪	0.0 g	0.0 g
PROTEIN/ 蛋白質	3.6 g	8.0 g
DIETARY FIBRE/ SERAT/ 膳食纖維	4.1 g	9.0 g
CHOLESTEROL/ KOLESTEROL/ 膽固醇	0.0 mg	0.0 mg

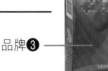

品牌❸

大忌 Sugar 6.8g（糖）

高糖

大忌 Dietary Fibre 4.1g（膳食纖維）

低纖

有機早餐

宜 Usda Organic

（有機）

有機產品其中最大好處是沒有基因改造原料。

宜 Dietary Fiber 11g

（膳食纖維）

高纖

品牌❹

	% Daily Value**	
Total Fat 2.5 g*	4%	4%
Saturated Fat 0 g	0%	0%
Trans Fats 0 g		
Cholesterol 0 mg	0%	0%
Sodium 190 mg	8%	11%
Total Carbohydrate 40 g	13%	15%
Dietary Fiber 11 g	44%	44%
Sugars 12 g		
Protein 8 g		
Vitamin A	0%	4%
Vitamin C	0%	0%
Calcium	25%	40%
Iron	15%	15%
Folic Acid	100%	100%
Vitamin B-12	100%	100%

注意 Sugars 12g（糖）

這款早餐有大量纖維。雖然沒有列明，但從包裝的聲稱看，應該是來自阿麻籽和大豆，比例如何則不得而知！每一食用份量便足夠每日所需的一半的纖維。但糖分頗高，有12克。

解說 Folic Acid 100% 100%

（葉酸）

Vitamin B-12 100% 100%

（維他命）

它有很高水平的維他命 B9（folic acid）和 B12。

早餐營養片

品牌 ❺

營養標示 NUTRITION FACTS		
每一份量40g 本包裝含9.4份	Per40g serve 每份40公克	Per100g 每100公克
Energy 熱量	154 kcal/大卡	384 kcal/大卡
Carbohydrate 碳水化合物	27.5 g/公克	68.7 g/公克
Sugar 糖	9.4 g/公克	23.5 g/公克
Fat 脂肪	2.3 g/公克	5.7 g/公克
Saturated fat 飽和脂肪	0.3 g/公克	0.8 g/公克
Trans Fatty acid 反式脂肪	0.0 g/公克	0.0 g/公克
Protein 蛋白質	3.8 g/公克	9.5 g/公克
Dietary fiber 膳食纖維	3.2 g/公克	8.0 g/公克
Cholesterol 膽固醇	0.0 mg/毫克	0.0 mg/毫克
Sodium 鈉	32.0 mg/毫克	80.0 mg/毫克
Potassium 鉀	136.0 mg/毫克	340.0 mg/毫克
Thiamin (Vitamin B1) 維生素B1	0.3 mg/毫克	0.7 mg/毫克
Riboflavin (Vitamin B2) 維生素B2	0.3 mg/毫克	0.8 mg/毫克
Niacin (Vitamin B3) 菸鹼酸 (煙酸)	2.8 mg/毫克	7.0 mg/毫克
Vitamin B6 維生素B6	0.2 mg/毫克	0.4 mg/毫克
Folic acid 葉酸	100.0 mcg/微克	250.0 mcg/微克
Iron 鐵質	2.6 mg/毫克	6.6 mg/毫克
Magnesium 鎂	35.2 mg/毫克	88.0 mg/毫克

大忌 Sodium 鈉……80.0mg/毫克
Potassium鉀……
340.0mg/毫克

低鈉,但高鉀對某些人可能不
適宜。

即食麥片

Amount per serving	
Calories	**210**
	% Daily Value*
Total Fat 3g	4%
Saturated Fat 0g	0%
Trans Fat 0g	
Cholesterol 0mg	0%
Sodium 140mg	6%
Total Carbohydrate 38g	14%
Dietary Fiber 5g	18%
Total Sugars 10g	
Includes 10g Added Sugars	20%
Protein 6g	
Vitamin D 0mcg	0%
Calcium 27mg	2%
Iron 2mg	10%
Potassium 178mg	4%

宜 非基因改造

有機

早餐營養片

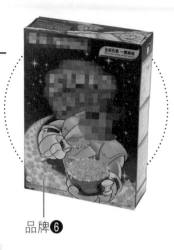

Nutrition Information/營養標示	Per/每 100g/公克 of Nestlé STARS	*Serving/每 of 30g/公克+ 125 mL full cream milk 加125毫升全脂鮮奶
Servings per pack/ 本包所含份量 :5		
Energy/熱量	1768 kJ/仟焦耳 418 kcal/大卡	885 kJ/仟焦耳 210 kcal/大卡
Protein/蛋白質	4.8 g/公克	5.6 g/公克
Carbohydrate/碳水化合物	81.7 g/公克	30.6 g/公克
of which: sugars 糖粉	37.4 g/公克	17.1 g/公克
Fat /脂肪	8.0 g/公克	7.3 g/公克
of which: saturates/飽和脂肪	3.4 g/公克	4.0 g/公克
monounsaturates/單元不飽和脂肪	3.3 g/公克	2.4 g/公克
polyunsaturates/多元不飽和脂肪	1.2 g/公克	0.5 g/公克
TFA/反式脂肪	0 g/公克	
Cholesterol/膽固醇	0 mg/毫克	15.9 mg/毫克
Dietary Fibre/膳食纖維	1.4 g/公克	0.4 g/公克
Sodium/鈉	209 mg/毫克	125 mg/毫克

品牌❻

注意 *Serving/每 of 30g/公克

留意每食用份量只有 30 克

 Sugars......17.1g/公克（糖）

高糖分

 Dietarty Fibre......0.4g/公克（膳食纖維）

纖維量非常少

穀片

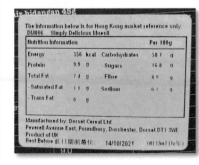

The information below is for Hong Kong market reference only
DM006   Simply Delicious Muesli

Nutrition Information			Per 100g	
Energy	356 kcal	Carbohydrates	58 1	g
Protein	9.9 g	Sugars	16 8	g
Total Fat	7 4 g	Fibre	8 9	g
- Saturated Fat	1 1 g	Sodium	6 1	g
- Trans Fat	0 g			

Manufactured by: Dorset Cereal Ltd
Peverell Avenue East, Poundbury, Dorchester, Dorset DT1 3WE
Product of UK
Best Before 此日期前最佳: 14/10/2021

 無防腐劑

3.6
麵包及
糕點

　　消費者對麵包的成分、營養等特別注意，因為兒童比成年人食用得多，對他們的影響亦相對較大。

　　不是所有麵包都會有標籤的。2010 年的營養標籤法，只適用於預先包裝的食品。麵包店的新鮮麵包，如果沒有預先包裝，就不用貼上食品或營養標籤了。對於這些食品，消費者是有可能不獲得任何有關食品的材料成分或營養方面的資料，例如食品是否含有反式脂肪。

　　購買麵包時最需要留意的，第一當然是反式脂肪，而另外一點值得留意的是用來延長麵包貨架壽命的防腐劑和色素。

1. 防腐劑

　　最常用的防腐劑是國際添加劑編碼 282 的丙酸鈣（Calcium Priopionate），有防酶、防菌的作用。有研究指出，一半食用含丙酸鈣的兒童會有興奮的反應。

2. 脂肪

　　甜麵包的油分特別高（例如菠蘿包、甜餐包等），白色的麵包則比較少（例如方包）。因為便宜的植物油，如大豆油，比較容易變壞，所以一般生產商都會用防含反式脂肪的氫化植物油。這些油除了可以提升麵包的質感，另外一個主要的用途是作為防腐劑。酶菌比人類聰明，是不會從含反式脂肪的麵包中攝取養分的。消費者或許都有這樣的經驗，就是買回來的麵包「歷久常新」，不容易發酶，放上數天，仍「白白淨淨」。自家做的麵包，放在室溫中，則兩三天便會有又白又黑的酶菌（要保存便得放在雪櫃內）。[20]

家庭裝麵包

動物起酥油

這品牌的麵包，不同的顏色包裝用不同的油製造。這款比較傳統的麵包所用的動物起酥油可能是牛油或豬油，是比較少用天然動物油脂的麵包之一。

八片 ■■■■ (約 225 克) 能供給每人每日所需之營養素：維他命 B1...100% 維他命 B2...65% 維他命 B3...45% 鐵質 ...60% 鈣質 ...60% 葉酸 ...100%
葉酸可協助骨髓製造紅血球和白血球
此產品可能含有微量蛋類製品、大豆製品及魚類製品。
淨重：450克

不含豬油麵包

Soybean Oil / 大豆油

這款聲稱不用豬油，用的是大豆油，但因為不知是否是經過氫化的大豆油，消費者是無從知道產品中反式脂肪的含量。產品標榜用的是純正植物油，請不要以為這一定是優點，因為含反式脂肪的氫化植物油是被列為「植物油」的。

Colour（102,110）/ 色素

102 檸檬黃和 110 日落黃都是人造色素。對小朋友可能有問題的(見色素)。

Please store in cool place　請存放在陰涼處
Ingredients: Wheat Flour(contains flour treatment agent(300,927a,1100), Water, Sugar, Soybean Oil, Honey, Egg Yolk Powder, Salt, Emulsifier(471,481(i),482(i)),Yeast(contains emulsifier (491) , antioxidant(300)), Skimmed Milk Powder, Whey Powder(milk product), flour treatment Agent(300, 510, 516, 517, 927a, 930, 1100,1101)(contains cereal containing gluten, peanut products, soybean products, anticaking agent(500(ii))), Preservative(282), Raising Agent(341(i)), Omega-3 Fatty Acid(0.02% , Colour(102, 110).
配料：小麥粉(含有麵粉處理劑(300,927a,1100)、水、糖、大豆油、蜜糖、蛋黃粉、鹽、乳化劑(471,481(i),482(i))、酵母(含有乳化劑(491)、抗氧化劑(300))、脫脂奶粉、乳清粉(奶類製品)、麵粉處理劑(300, 510, 516, 517, 927a, 930, 1100,1101)(含有麩質的穀類、花生及大豆製品、抗結劑(500(ii))、防腐劑(282)、膨脹劑(341(i)))、奧米加-3脂肪酸(0.02%)、色素(102, 110)。
This product may contain traces of fish product　此產品可能含有微量魚類製品

切皮蜜糖雞蛋三文治方包

 色素（102, 110）

加入人造色素是為了令消費者感覺
麵包與雞蛋有關，這款麵包用了
多種橙、黃色色素，包括檸檬黃
（E102）和漂亮的日落黃（E110）。

配料：小麥粉、水、糖、植物起酥油（含有抗氧化劑 (304, 306, 322)
(大豆製品)）、蛋黃粉、蜜糖、鹽（含有抗結劑 (535)）、乳清粉（奶類製
品）、酵母（含有乳化劑 (494)、抗氧化劑 (300)）、乳化劑 (471, 481, 482)
（含有抗氧化劑 (330)）、麵粉處理劑 (516, 510, 517, 1100)（含有麩質的
穀類、亞硫酸鹽、抗氧化劑 (300)、防腐劑 (282)、酸度調節劑 (341)、
色素 (102, 110)
此產品可能含有微量花生製品、魚類製品。

超軟方包

注意 添加劑

大量的添加劑，主要是用來調節
麵包的質感，白白淨、軟綿綿、
而且歷久常新（不易發霉）。

注意 人造牛油

多數用的都是人造牛油，
但卻沒有反式脂肪的含量
資料。

 防腐劑（E282）

很多麵包都是用 E282 丙酸鈣
（Calcium Propionate）作防腐
劑。很多人會對這化學劑有不
同的敏感反應，如腸道問題、
頭痛、難以集中等。

超軟方包

成份：小麥粉(含有麩質的穀類)、水、糖、人造牛油、奶粉鹽、麵包改良劑[小麥粉(含
有麩質的穀類)、乳化劑(E472e, E471, E1520, E491, E477)、水分保持劑(E420)、
麵粉處理劑(E920)、抗氧化劑(E300)]、酵母、防腐劑(E282)、澱粉(玉米及馬鈴薯)、
酵素改良劑[澱粉(玉米)、抗氧化劑(E516)]、乳化劑(E481(i))、麵粉處理劑(E1100)]

提子包

注意 脂肪 / Fat 2.5g（克） 4%

現時，大部分麵包的營養標籤都是沒有包含反式脂肪含量的。

大忌 色素（102）

人造色素 E102 檸檬黃（Tartrazine）被證實會導致一些 3 歲以下兒童產生過度活躍的症狀。

植物油（含有……大豆製品）

植物起酥油有可能含有反式脂肪。

Raisin Bun ■■提子包		
營養價值 Nutrition Value	每個麵包含量 Per Bun	佔每日所需份量百分比 % Daily Value
卡路里 Calories	150	—
蛋白質 Protein	4 g（克）	8 %
碳水化合物 Carbohydrate	26 g（克）	9 %
脂肪 Fat	2.5 g（克）	4 %
膳食纖維 Dietary Fibre	1 g（克）	4 %
鹽固醇 Cholesterol	0 mg（毫克）	0 %

Ingredients: Wheat Flour (contains flour treatment agent (928)), Water, Sugar, Raisin, Vegetable Shortening (contains antioxidant (304, 307 322 (soybean product))), Milk Solid, Yeast (contains emulsifier (491), antioxidant (300)), Salt, Emulsifier (481, 482, 471), Flour treatment agent (516, 1100), Preservative (282), Colour (102).

配料：小麥粉 (含有麵粉處理劑 (928))，水，糖，葡萄乾，植物起酥油 (含有抗氧化劑 (304，307，322 (大豆製品)))，奶固體，酵母 (含有乳化劑 (491)，抗氧化劑 (300))，鹽，乳化劑 (481，482，471)，麵粉改良劑 (516，1100)，防腐劑 (282)，色素 (102)

葵花籽麵包

注意 Fat......4.3g of which saturated fat 0.8g（脂肪）

不是所有麵包都需要有油的。這款歐式麵包不用油，但材料中的葵花籽油會釋出油分。

* NO PRESERVATIVES ✓
* HALAL PRODUCT ✓
* HIGH FIBRE ✓
* CHOLESTEROL FREE ✓
* LONG SHELF LIFE ✓
* WHEAT FREE ✓

GB **Ingredients:** grain [crushed whole rye grains (37%), wholemeal rye flour], water, sunflower seeds (5%), iodized salt, oat fibre, yeast.
Keep cool and dry after opening.

宜 Fibre 8.2g / 膳食纖維

這種麵包的其中一個賣點就是有較高的纖維含量，是其他港式麵包沒有的。我們每日需要大約 24 克，100 克便有所需的三分之一了。

100 g contains on average:	
Energy	820 kJ (194 kcal)
Protein	6,5 g
Carbohydrates of which sugars	32,4 g 0,7 g
Fat of which saturated fat	4,3 g 0,8 g
Cholesterol	0 g
Fibre	**8,2 g**

藍莓蛋糕

 人造牛油……乳化劑

可能含有反式脂肪。

抗氧化劑（320）

添加劑 320 是人造抗氧化劑（BHA），對健康十分無益呢。

防腐劑（202），調味劑

防腐劑

 色素（160a）

160 系列的色素是天然或人造天然的，比人造的色素健康。

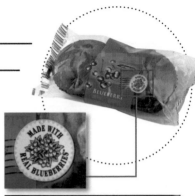

配料：小麥粉，蛋，糖，人造牛油(含有奶類製品，乳化劑(切322(大豆製品))，抗氧化劑(320)，調味劑(含有酸度調節劑(260)，色素(160a))，藍莓醬(含有酸度調節劑(330, 331)，防腐劑(202)，植物起酥油(含有抗氧化劑(304, 306, 322(大豆製品)))，藍莓乾(含有水分保持劑(422)，抗氧化劑(330)，度調節劑(327)，調味劑)，粟米澱粉，乳化劑(477)，475, 477)(含有水分保持劑(420)，抗氧化劑(330))，膨脹劑(450, 500)(含有麩質的穀類)，調味劑(含有水分保持劑(1518))。此產品可能含有微量甲殼類動物製品、魚類製品、花生製品、木本堅果及堅果製品。
MADE IN HONG KONG BY

卷蛋

 抗氧化劑（E320）

320 是 BHA（見抗氧化劑）最好避免

植物油

植物油是甚麼油？可能含反式脂肪

色素（E 150c）

150c 是醬色，對健康比較中性。

 色素（E 160a）

添加劑 160 系列（160a，160b…）的都是一些天然色素，包括胡蘿蔔素、番茄紅素等。

成份：雞蛋，糖，小麥麵粉(含有麩質的穀類)，植物油，淡奶(含有牛奶及植物油)，牛油(奶類製品)，人造牛油(含有動物性油脂，水，鹽，乳化劑(E471，E322)，酸度調節劑(E330)，抗氧化劑(E320))，色素(E160a)，乳化劑(E420，E422，E471，E473，E491，E493，E495)，糖粉(含有糖，葡萄糖，澱粉，植物油脂及抗結劑(E470))，調味料及調味劑(含有蜂蜜，水分保持劑(E422)，色素(E150c)，防腐劑(E202)

解說 防腐劑（E 202）

山梨酸鉀（Sodium Sorbate）是一種比較溫和的防腐劑，用於烘焙食品、乳酪等來防止霉菌的生長。這防腐劑引致敏感的機會不大，但一些人或會有發癢的反應。

黃金包

 色素（E10）

人造色素

成份：麵粉(含有麩質的穀類)、甘筍、咸蛋黃、鮮奶、忌廉(含有奶類)、椰汁、奶油粉、ﾟﾟ ﾟ、吉士粉(含有奶類和蛋類) 色素（E110）。
淨重：115克

不宜 添加劑

非常漂亮的顏色，是來自化學染色物質日落黃，
亮麗的程度，關上了燈也還看得見呢。
很多橙黃色的食品都是用添加劑 110，日落黃人
造色素。它是其中一種會導致敏感和令兒童過度
活躍的添加劑之一。

南瓜包

 含抗氧化劑321

321 是 BHT 造抗氧化劑，
不宜食用

 不加色素新鮮南瓜肉製造

天然色素也可以很漂亮的。

芋蓉包

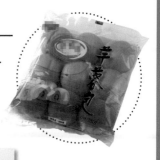

 色素（E123, E133）

又是非常漂亮的包包。混合不同的人
造色素可以製造很多不同的顏色。

貨品名稱：芋蓉包
配料：麵粉(含有麥質的穀類)，香芋，水，白糖，玉米澱粉，
菜籽油，奶粉，酵母，發酵粉（成份：固化劑-521，膨脹劑-
500(i)，膨脹劑341，穩定劑-170(i)），香芋調味料，
色素(E123, E133)
淨含重：320克　保存方法：請保持冷凍：0℃-4℃

3.7
罐頭

　　罐頭技術已有超過 200 年歷史，製作罐頭的過程不複雜，用高壓、高溫殺菌、將空氣擯除，密封在罐中，理論上是可以永久保持無菌狀態（在沉了 100 年的船中找到罐頭中的食物還是「無菌」的）。但當然，味道和質感不會像新鮮的好。罐頭的貨架壽命則通常只有兩年。

　　罐頭食物的營養性是沒有問題的。有研究甚至發現一些罐頭食物的營養價值比市場上買到的食物還要高，這是因為罐頭的生產地點通常都是離食物的生產地不遠，而用來製作罐頭的都是剛成熟的作物。例如剛收割的水果，會在很短的時間內製成罐頭，故能保留大部分的營養素，如維他命 A、胡蘿蔔素等。而在市場上售賣的，除非在本地生產，否則，大部分的水果都經過長途的運送、長時期的存倉，然後才到達消費者的手中，而大部分的維他命已流失。

　　至於防腐劑，由於罐頭對於保存食物的營養非常有效，所以除非是醃製食品，否則一般都不會用防腐劑。但這不是說罐頭是安全的精製食品，因為包裝物料本身已有很嚴重的健康問題。

午餐豬肉

Product Name: Chung Jung One Canned Ham (Woori Pam Deli) [H055]
產品名稱: 清淨園Deli午餐豬肉
Ingredients: Pork, Roasted Sea Salt, Sugar, Mixed Pear Puree(Pear, Vitamin C), Thickener (407), Emulsifiers(Sodium Triphosphate, Sodium Pyrophosphate, Sodium Hexametaphosphate), Vitamin C, Flavor Enhancer(631), Preservative(250)

成份: 豬肉, 烤海鹽, 糖, 混合梨果泥(梨, 維他命C), 增稠劑(407), 乳化劑(三磷酸鈉, 焦磷酸鈉, 六偏磷酸鈉), 維他命C, 增味劑(631), 防腐劑(250).

淨重量: 330 g/克
原產地: 韓國
製造商: Daesang Corporation
96-48, Sinsul-Dong, Dongdaemun-Ku, Seoul, 130-110, South Korea.
進口商: Kofco Enterprise (Asia) Co., Ltd.
Tel: (852) 2307-6618
保存方法: 存放在陰涼, 乾爽地方
此日期前最佳: 如包裝所示(年-月-日)
Best Before: Shown On Package(Y-M-D)

Nutrition Information營養資料	
	Per 100g / 每100克
Energy/熱量	262 kcal/千卡
Protein/蛋白質	13.1 g/克
Total Fat/總脂肪	22.2 g/克
Saturated Fat/飽和脂肪	7.8 g/克
Trans Fat/反式脂肪	0.2 g/克
Carbohydrates/碳水化合物	2.4 g/克
Sugars/糖	1.2 g/克
Cholesterol/膽固醇	17 mg/毫克
Sodium/鈉	581 mg/毫克

 大忌

增稠劑（407）、乳化劑（三磷酸鈉、焦磷酸鈉、六偏磷酸鈉）、增味劑（631）、防腐劑（250）

芝士午餐肉

配料：豬肉，水，玉米澱粉，芝士(奶製品)，食用鹽，香辛料，白砂糖護色劑(E250)，增味劑(E621)。
Ingredients: Pork, Water, Corn Starch, Cheese(milk product), Salt, Spice, Sugar, Colour Retention Agent (E250), Flavour Enhancer(E621).
此日期前最佳：標示於罐底(日/月/年)
Best before: Shown on Bottom of Can (D/M/Y)

大忌 護色劑(E250)、增味劑(E621)

雞肉午餐肉

Ingredients: Pork, Bacon [Pork, Salt, Glucose Syrup, Stabilizer (E451, E450)], Preservatives (E262, E252), Flavouring, Colour Retention Agent (E250), Antioxidant (E301), Natural Smoke), Thickener (E1412), Salt, Seasoning (Sugar, Salt, Flavour Enhancer (E621), Spices (Contains mustard)], Sugar, Acidity Regulator [E450(i), E451(i), E452(ii)], Flavour Improver (Flavouring, Hydrolyzed Vegetable Protein, Maltodextrin), Colour Retention Agent (E250).

Allergen Advice: Contains mustard.

Storage Condition: Store product in a cool and dry place. Please consume immediately after opening.

 大忌

防腐劑 Preservatives （E262, E252）

罐裝午餐肉

 護色劑（亞硝酸鈉）

亞硝酸鹽也有稱作護色劑，因為加了它，肉會變得粉紅色，而且歷久不褪。

成份：豬肉、澱粉、食用鹽、香料 護色劑(亞硝酸鈉)
INGREDIENTS: PORK, STARCH, SALT, SPICES,
COLOUR RETENTION AGENT (SODIUM NITRITE)

鈉2230毫克/mg

鹽分非常高！食用1個份量，便已是每日可攝取鈉的上限了。

營養資料 Nutrition Information 每100克 Per100g		含量Amount			含量Amount
	能量Energy	169千卡/Kcal	碳水化合物 Carbohydrate		10克/g
	蛋白質Protein	10克/g	糖 Sugars		0克/g
	脂肪總量Total fat	10克/g	膳食纖維 Dietary fibre		0克/g
	飽和脂肪Saturated fat	3克/g	鈉 Sodium		2230毫克/mg
	膽固醇Cholesterol	26.1毫克/mg	鈣 Calcium		12毫克/mg
			鐵 Iron		3.3毫克/mg

罐裝午餐肉

 50% Less Fat，33%（低脂）

標榜低鈉、低脂

解說 **Sodium 580mg 24%（鈉）**

午餐肉的鹽分通常是每一食用份量有780毫克，這款聲稱低鈉的則每食用份量有580毫克。

Nutrition Facts	Amount/Serving	% DV*	Amount/Serving	% DV*
Serv. Size 2 oz. (56g)	Total Fat 8g	12%	Total Carb. 1g	0%
Servings per container 3.5	Sat. Fat 3g	15%	Fiber 0g	0%
Calories 110	Trans Fat 0g		Sugars 0g	
Fat Cal. 70	Cholest. 40mg	13%	Protein 9g	
	Sodium 580mg	24%		
* Percent Daily Values (DV) are based on a 2,000 calorie diet.	Vitamin A 0% • Vitamin C 3% • Calcium 0% • Iron 4%			

罐裝牛肉

 大忌 Sodium 570mg 24% （鈉）

每 100 克含 86 毫克鈉。

Preservative (Sodium Nitrite) （防腐劑）

亞硝酸鹽

Ingredients : Cooked Beef, Beef, Water, Salt, Sugar, Preservative (Sodium Nitrite)

五香肉丁

營養資料 Nutrition Information	
	每100克 Per 100g
能量 Energy	229千卡/Kcal
蛋白質 Protein	13克/g
脂肪總量 Total Fat	19克/g
飽和脂肪 Saturated Fat	6克/g
膽固醇 Cholesterol	72.7毫克/mg
碳水化合物 Carbohydrate	18克/g
糖 Sugars	0克/g
膳食纖維 Dietary Fibre	0克/g
鈉 Sodium	1740毫克/mg
鈣 Calcium	7.46毫克/mg
鐵 Iron	4毫克/mg

 大忌 鈉

每 100 克便有 1740 毫克鈉，
是鹽分極高的食品。
以每天攝取 2,000 卡路里計，
食用一個份量便已攝取了每日
可攝取鈉的 73% 了！

不宜 雙酚A

雙酚 A：罐頭的內部都必
須塗上一層膠狀物體以防
止金屬與食物產生化學作
用。這物質會釋出模仿人
類性荷爾蒙的雙酚 A，對
健康極為不利！（見回收
標籤）
亞硝酸鹽：用來醃製火
腿、午餐肉等。
鈉：很多醃製食品都會加
入大量鈉。

豆豉鯪魚

食品名稱：[珠江]牌豆豉鯪魚
成份：鯪魚(魚類)，豆豉(大豆製品)，植物油，醬油(大豆製品)，食鹽，香料
Ingredients: Deca (Fish), Black Beans (Soybean Product), Vegetable Oil, Soya Sauce (Soybean Product), Salt, Spices

Nutrition Facts	
Serving Size 2 oz (56g)	Servings Per Container 3
Amount Per Serving	
Calories 260	Calories from Fat 200
	% Daily Value*
Total Fat 23g	35%
Saturated Fat 6g	30%
Cholesterol 35mg	12%
Sodium 750mg	31%
Total Carbohydrate 1g	0%
Dietary Fiber 1g	4%
Sugars 0g	
Protein 13g	
Vitamin A 0%	Vitamin C 0%
Calcium 2%	Iron 14%
* Percent Daily Values are based on a 2,000 calorie diet	

大忌 植物油

這些精製食品，消費者一般都
不會知道用甚麼油製造的。

Sodium 750mg 31% （鈉）

每食用份量便已佔每天可攝取
納的 31%，很駭人吧！

辣油沙甸魚

配料表: 沙甸魚，葵花籽油，辣椒，食鹽。(本產品含有魚類)
淨含量:106克　原產國：泰國　此日期前最佳:見包裝(日/月/年)
總經銷：瑞裕有限公司
香港沙田大圍山尾街41號華樂工業中心C座5樓28室
電話號碼:(852) 2891 6190　　　網址:www.fruitful-yield.com
Ingredients: Sardines, Sunflower Oil, Chili, Salt. (This product contains fish)
Net Weight: 106g Product of Thailand Best Before: See Packaging (D/M/Y)
Distributed by Fruitful Yield Co., Ltd.
Unit 28,5/F., Blk.B,Kwai Lok Ind.Ctr.,17 Shan Mei St., Fotan, Shatin, Hong Kong
請存放於陰涼乾爽處　Store in a cool, dry place.

Calcium
A Natural Source of
OMEGA 3 Net Weight 106g
Sardine, as a natural source of OMEGA 3 fish o...
stronger bones, thus facilitating a healthier growth f...
blood pressure and heart diseases for adults. 含100...
低成年人骨質疏鬆和患上心血管系統疾病的機會，使心臟和骨骼...
Ingredients: Sardines, Sunflower Oil, Chili, Salt Net Weight: 106g Best Before: See Side of Can
配料表: 沙甸魚，葵花籽油，辣椒，鹽　　淨含量: 106克　此日期前最佳:見瓶面

不宜 Calcium （鈣）

產品沒有營養標籤，
未知各聲稱營養素有
多少。

罐裝沙甸魚

Nutrition Information		
Typical Values of Drained Product	Amount per 100g	Amount per Can
Energy	909kJ/218kcal	818kJ/1
Protein	23.0g	20.7g
Carbohydrate	Trace	Trace
(of which sugars)	(Trace)	(Trace)
Fat	14.0g	12.6g
(of which saturates)	(2.9g)	(2.6g)
(of which polyunsaturates)	(4.9g)	(4.4g)
(of which omega-3 polyunsaturates)	(1.6g)	(1.4g)
Fibre	Trace	Trace
Sodium	0.7g	0.6g
Per Can: 196 Calories 12.6g Fat		

 解說 90g

魚的淨重

成分解說

沙甸魚是其中一種含大量 Ω3
的魚，每 100 克有 1~1.7 克。
因為魚小，不會像金鎗魚或
三文魚積聚那麼多的環境毒
素（如水銀、鉛、PCBs 等）。
表內列明的都是來自魚而非
用來浸魚的油。
罐內有葵花籽油或橄欖油，
但不會影響營養標籤上的營
養數據。
多元非飽和脂肪 = Ω3+Ω6

大忌 Sodium 0.7g （鈉）

高鈉食品

葵花籽油浸即食煙燻蠔

配料：蠔 76.47%. 葵花籽油 23.53%。
含甲殼類動物。[不含添加劑]
貯存於室溫，遠離潮濕、高溫及避免陽光直接
照射處。開啟後須置於獨立盛器內冷藏。
注意：小心銳利金屬罐邊。　原產地：韓國
Best Before (DD/MM/YYYY)：
此日期前最佳（日/月/年）： **30/04/2025**

 宜 不含添加劑

罐裝菜湯

Chicken & Vegetable Soup (Fat 2.6g, Sugar 6.2g)
Ingredients: Water, Carrots, Potatoes, Chicken
(8%), Peas, Onions, Modified Cornflour, Wheat
Flour, Salt, Concentrated Tomato Puree, Yeast
Extract, Flavour and Flavouring, Herb Extracts,
Herb, Spice Extract, Colour (Plain Caramel and
Beta-carotene)
VEGETABLES: 33%

(855569)

Fibre	1.0g	2.0g
Sodium	0.3g	0.6g
Salt equivalent	0.7g	1.4g

不宜 Salt equivalent 0.7g　1.4g（鹽）

這款菜湯，每食用份量便有 1400 毫克的食鹽，
是含日可攝取鹽量的 23% 呢！

解說 鈉含量

要將一般營養標籤上的鈉含量（Sodium），轉成
普通食鹽含量（Salt Equivalent），可以將鈉含量
乘以 2.5。例如 0.6 克鈉，便相等於 1.5 克的食
鹽。每日可攝取的 2400 毫克鹽，相等於 6 克食
鹽，即大約 1 茶匙。

忌廉雞湯

大忌 人造牛油

人造牛油含氫化脂反式脂肪

INGREDIENTS: CHICKEN STOCK, WHEAT FLOUR, CHICKEN FAT, CORNSTARCH, CHICKEN MEAT, CREAM, WATER, SALT, MARGARINE, DRIED WHEY, SOY PROTEIN CONCENTRATE, FLAVOR ENHANCER (MONOSODIUM GLUTAMATE), DRIED DAIRY BLEND, YEAST EXTRACT, MODIFIED STARCH, FLAVOR AND FLAVORING (CHICKEN), SOY PROTEIN ISOLATE, ACIDITY REGULATOR (SODIUM PHOSPHATES). PRODUCT CONTAINS MILK PRODUCTS, CEREALS CONTAINING GLUTEN, SOYABEAN PRODUCTS.

成份: 雞湯、小麥粉、雞脂、粟米澱粉、雞肉、忌廉、水、鹽、人造牛油、乳清粉、大豆濃縮蛋白、增味劑 (穀氨酸鈉)、乾製混合乳品、酵母精華、改性澱粉、調味料及調味劑 (雞味)、大豆分離蛋白、酸度調節劑 (磷酸鈉)。此產品含奶類製品、含有麩質的穀類、大豆製品。

不宜 乳清粉、大豆濃縮蛋白

究竟有多少雞肉不得而知！一食用分量只有 3 克蛋白質（半茶匙），但已包括來自乳清蛋白和大豆的蛋白質了。至於味道來自味精，而油分則來自氫化脂肪。

Amount / Serving 每份湯量營養成份	
Energy 熱量	120 Calories(千卡)
Protein 蛋白質	3.0g(克)
Total Fat 脂肪總量	8.0g(克)
Saturated Fat 飽和脂肪	2.5g(克)
Total Carbohydrate 碳水化合物	10g(克)
Sugars 糖	1.0g(克)
Dietary Fiber 膳食纖維	2.0g(克)
Sodium 鈉	840mg(毫克)

End (DD/MM/YY) 此日期前最佳 (EXP): 見罐蓋(日/月/年)

Sodium 鈉 840mg（毫克）

現代人攝取太多的鹽，一個主要的原因是因為精製食品通常隱藏着大量的鹽分。這款雞湯，每食用份量便有 840 毫克，等同一食用份量的午餐肉。

3.8
麵類

　　即食麵是很多家庭必備的食物。一些人每星期食用多次，連最注重健康的人都會有時抵受不住引誘。有關即食麵，坊間有很多沒有根據的「傳說」，例如即食麵有蠟的成分，多食會導致蠟積聚在胃，甚至會致癌。這是一個典型的實例：消費者得來失實的訊息而忽略了真正的問題。

　　即食麵是沒有蠟的成分的，最大的問題反面是它是一種營養非常不平衡的食物，而它的味精成分會令很多人不適。但最令人擔憂的其實是越來越受歡迎的杯麵包裝。杯麵一般都是用聚苯乙烯（Styrofoam）造的，製造聚苯乙烯的程序對環境的污染非常嚴重，而對食用者而言，最大的問題是苯乙烯（Styrene）的化學轉移。

　　包裝物料中的苯乙烯會化學物質轉移致食物中，尤其如果食物在包裝中加熱，而食物中含有油或屬於酸性的話，這情況更加嚴重。很多人都會「食得出」聚苯乙烯的味道，例如外賣的熱奶茶，其味道就特別濃烈。而因為這物質是油溶性的，我們的身體不能有效排走這毒素，它會積聚在我們的油脂中。

　　有研究發現，大部分人的油脂中可以找到苯乙烯，甚至母乳中亦找到。長時間暴露於微量的苯乙烯，後果可以很嚴重。主要原因是它能模仿雌激素，它的雌激素性與雙酚 A 相約（見回收標籤），能擾亂人體性荷爾蒙的功能，增加患上與性器官有關的癌症，如乳癌、前列腺癌等的機會。

即食拉麵

大忌

增味劑（621, 635, 640, 364（ii））

Name of food: Instant ramen noodles/ Ingredient: Noodles(Wheat Flour, Salt), Miso, Meat Extract(Pork, Chicken), Animal And Plant Fat, Sugar, Soy Sauce(Soybean, Wheat, Salt), Vegetable Extract, Spices, Protein Hydrolysate, Sesame Paste, Chinese Chili Bean Sauce, Hot Pepper Paste Seasoning, Dried Bonito Powder, Yeast Extract, Oyster Sauce, Fermented Bean Curd Flavor Seasoning, Yeast, Flavor Enhancers(621, 635, 640, 364(ii)), Sweetener(420), Thickener(415), Brine Water(Acidity Regulators(500(i), 501(i), 341(i))), Alcohol, Flavor, Color(Paprika Extract, 150A, 164), Spice Extract, Antioxidant(Vitamin E). (Contains: Gluten, Soybean, Milk And Their Products)/ Net Content: 136g/ Distributed by: PAN PACIFIC RETAIL MANAGEMENT (HONG KONG) CO., Limited/ Address: Unit 2107, 21/F, Mira Place Tower A, No.132 Nathan Road, Kowloon, Hong Kong/ Country of Origin: JAPAN/ JAN: 4901726014165/ Best before: As Shown On Pack(Y/M/D)/ 此日期前最佳 見包裝上(年/月/日)/ Special conditions: Store at Cool & Dry Place

稻庭扁烏冬

非油炸
NON-FRIED · NON-FRITES
稻庭扁烏冬
Inaniwa Flat Udon
Inaniwa udon plat

配料 / Ingredients / Ingrédients :
小麥麵粉、水、玉米澱粉、食用鹽、增稠劑（藻酸鈉 E401）、酸度調節劑(碳酸氫鈉 E500(ii))、酸度調節劑 ((L-,D-和DL-)乳酸 E270)。
Wheat Flour, Water, Corn Starch, Salt, Thickener (Sodium Alginate E401), Acidity regulator(Sodium Hydrogen Carbonate E500(ii)), Acidity regulator(Lactic Acid(L-,D- and DL-) E270).
Farine de blés, Eau, Amidon de maïs, Sel, Épaississant (Alginate de sodium E401), Correcteur d'acidité(acide de sodium Carbonate E500(ii)), Correcteur d'acidité(l'Acide Lactique (L-,D-,et DL-) E270).

注意

增稠劑（藻酸鈉 E401）、酸度調節劑（碳酸氫鈉 E500（ii））、酸度調節劑（L-, D-, DL-）、乳酸 E270

即食烏冬

3 PIECES UDON WITH SOUP   4901726050262
Ingredients: Noodle[Wheat Flour(Japan), Salt], Salt, Sugar,
Dried Bonito Extract, Powdered Soy Sauce(Soybean,
Wheat), Protein Hydrolyzate, Kelp Extract, Flavor
Enhancer(E621), Acidity Regulator(E339), Color(E150a),
Acidity Regulator(E330), (Contains Cereals containing
gluten, Soybean, Fish Product)
This product is processed in a factory where Soba, Egg,
Milk Product, Shrimp, Crab, Crustacean are also handled
Net Weight: 564g   Storage:Keep dry and cool place
Manufactured by: ITSUKI FOODS Co., Ltd.
945, Sakano, Jonan-machi, Minami-ku, Kumamoto-shi,
Kumamoto, JAPAN
Imported by: AJI-NO-CHINMI CO.(HK) LTD.
TEL:24951261
BEST BEFORE:DATE SHOWN ON PACKING:YY/MM/DD
此日期前最佳: 年/月/日

Nutrition information	
Serving per package:3	
Serving per size:188g	
	Per serving
Energy	248 kcal
Protein	6.6 g
Total Fat	1.0 g
-Saturated fat	0.3 g
-Trans fat	0.0 g
Carbohydrates	50.1 g
-Sugars	3.9 g
Sodium	1090 mg

 大忌

增味劑（E621）

即食烏冬

 大忌

色素 150a, 160c
增味劑（621, 627, 631）

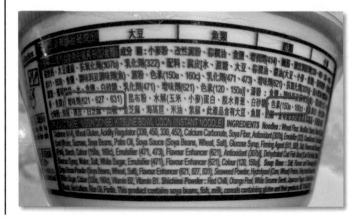

即食杯麵

 大忌 增味劑（621、364ii、
627、631）

增味劑

成分：小麥粉、棕櫚油、澱粉（木薯、馬鈴薯）、調味料及調味劑、脫水蔬菜（椰菜含有乳糖、紅蘿蔔、青蔥）、脫水豬肉、脫水蛋、大蒜粉、食鹽、植脂末、**增味劑(621、364ii、627、631)**、白砂糖、**色素(150a)**、醬油粉、酵母抽、*碳酸鈣、洋蔥粉、酸度調節劑(501、500、330)、香料、抗氧化劑(306)、*維生素B₂、*維生素B₁。
此產品含有大豆、蛋類、魚類、奶類、甲殼類動物、含有麩質的穀類及其製品。
INGREDIENTS : Wheat Flour, Palm Oil, Starches (Tapioca, Potato), Flavour and Flavouring, Dehydrated Vegetables (Cabbage Contains Lactose, Carrot, Green Onion), Dehydrated Pork, Dehydrated Egg, Garlic Powder, Salt, Non-Dairy Creamer, Flavour Enhancer (621, 364ii, 627, 631), Sugar, Colour (150a), Soya Sauce Powder, Yeast Extracts, *Calcium Carbonate, Onion Powder, Acidity Regulator (501, 500, 330), Spices, Antioxidant (306), *Vitamin B₂, *Vitamin B₁.
This product contains soyabeans, eggs, fish, milk, crustacean, cereals containing gluten and their products.

色素（150a）

色素

即食麵

 解說 味精太多

現時，市場上的即食麵都是經油炸的「日式」麵。這些麵都是乾的，因為水分都被熱油「迫」出來了，需要「放湯」才能食用。而湯料通常都是需要另外準備。麵的問題是太多的油。而湯的問題則是太多化學增味素（味精）。

配　料：
麵　餅：小麥粉(含有麩質的穀類)、**食用棕櫚油、**食用澱粉、食用鹽、麵粉處理劑(碳酸鉀)。
調味包：食用鹽、**增味劑(穀氨酸一鈉)**、白砂糖、香辣料、醬油粉(大豆製品)。
蔬菜包：蔥、香菇片、胡蘿蔔、辣椒片。

 大忌 增味劑（穀氨酸一鈉）

monosodium glutamate
是味精

注意 食用棕櫚油

近年，幾乎所有經香港經銷商進口的即食麵都聲稱用棕櫚油造的。但消費者委員會 2008 年 5 月的調查報告中，大部分的即食麵都發現含有氫化脂肪。但每 100 克少於 0.3 克，故根據剛通過的營養標籤，是可以作零反脂肪聲稱的。

腩汁撈麵

 含食用色素（150d）

色素

> **配料**
> 麵：麵粉、酸度調節劑(501,500)。醬料：水、棕櫚油、牛肉味肉調味料（含食用色素（150d））、糖、增味劑(621,627,631)、鹽、葱頭、香料、食用色素(150d)、改性馬鈴薯澱粉、維他命E。乾料：脫水食物(青菜、牛肉、

增味劑（621, 627, 631）

增味劑

豚骨即食麵

 注意食用量

這是現時少數有營養標籤的即食麵。
但其他的即食麵的應該也差不遠，因
為是油炸的，它的熱量非常高：每個麵便
有 440 卡路里。最可怕的是它的鹽分：每個麵
的鈉是 1.88 克，即 4.7 克食鹽。每人每日應攝取不
多於 6 克食鹽，食一個麵便已幾乎「達標」了。

> 麵：小麥粉 (含麩質)、棕櫚油、固化劑 (E500, E501, E412)、鹽。　湯料：糖、鹽、增味劑(E621, E635)、乳油粉 (含乳糖、(奶))、芝麻、粟米粉、脫脂奶粉 (含奶)、香辛料、豬肉香料 (含小麥、大豆、花生、芝麻)、味噌粉 (含大豆)、脫水蔬菜　調味油：棕櫚油、芝麻油、酒香料 (含小麥、黑麥)、　醬油調味包：醬油 (含大豆)
> **Noodles** : Wheat flour(contains gluten), palm oil, Firming agent (E500, E501,E412), salt. **Soup base** : Sugar, salt, flavour enhancer (E621,E635), cream powder (contains lactose (milk)), roasted sesame, corn flour, skimmed milk powder(contains milk), spices, pork flavour(contains wheat, soybeans, peanut, sesame), miso powder(contains soybeans), dried leek. **Seasoning Oil** : Palm oil, sesame oil, wine flavour(contains wheat, rye). **Soy sauce** : Soy sauce(contains soybeans)

 Flavour enhancer

(E621, E635)（增味劑）
增味劑

熱量440 千卡 Kcal

高熱量

鈉 Sodium 1,880 毫克 mg

高鈉

營養成份 Nutrition Facts		
	每100克Per 100g	
熱量 Energy	1840 千焦耳 kJ	
	440 千卡 kcal	
蛋白質 Protein	8	克g
脂肪總量 Fat Total	19	克g
飽和脂肪 Saturated Fat	9	克g
膽固醇 Cholesterol	0	毫克 mg
碳水化合物 Carbohydrates	60	克g
糖 Sugars	4	克g
膳食纖維 Dietary Fiber	2	克g
鈉 Sodium	1880	毫克 mg
鈣 Calcium	2	毫克 mg

炸醬味即食麵

注意 增味劑（621、627、631）

這款麵的鹽分比其他產品的低
一點，但用了數種的增味劑以
增加味道！

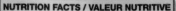

成　分 **麵**：小麥粉、棕櫚油、食鹽、酸度調節劑 (339、452、500、501)、蛋白粉、增稠劑 (400、412)、
抗氧化劑 (304、306)。**調味醬**：白砂糖、調味料及調味劑 (蝦、雞肉)、醬油 (大豆、小麥、食鹽)、
米糠油、棕櫚油、番茄醬、豬油、食鹽、辣椒油、洋葱、大蒜、香料、增味劑 (621、627、631)、紹興酒、
酸度調節劑 (330)、色素 (160c)、抗氧化劑 (306)。
此產品含有大豆、蛋類、含有麩質的穀類及其製品。
淨重量　100克

香辣黑胡椒燴麵

注意 混淆標籤

這個標籤令消費者十分混淆！解讀的
方法如下：每一包淨重是 100 克（乾
麵＋湯粉）將麵加水準備，成為 450
克可食用的麵條。

注意 標籤分析

標籤上有兩行，右面的是每 100
克已準備麵條的營養資料，基本
上可以不理。每 100 克乾麵的資
料在左邊的一行，而且亦是每一
食用份量。

不宜 注意食用份量

雖然聲稱不含味精，但鹽分有
1,289 毫克，是每日最高攝取量
（2,400 毫克）的一半。
至於油分，一般的日式油炸即食
麵每 100 克麵有大約 20 克油脂
（20%）。這款麵是非油炸的，所
以只有 3 克，算是少的了！

NUTRITION FACTS / VALEUR NUTRITIVE
Per 1 package serving (100g)/
par portion de 1 emballage (100g)
Per 1 serving prepared (450g)/
Par 1 portion préparée (450g)

Amount Quantité	Dry Weight Sécher Le Poids	Per 100g Prepared Par 100g Préparé
Calories / Calories	356	79
	% Daily Value / %	valeur quotidienne
Fat / Lipides 1g	3%	1%
Saturated / Saturés 0g	4%	1%
+ Trans / Trans 0g	0%	0%
Cholesterol / Cholestérol 0mg		
Sodium / Sodium 1289mg	53%	12%
Carbohydrate / Glucides 73g	24%	5%
Fibre / Fibres 2g	10%	2%
Sugars / Sucres 4g		
Protein / Protéines 11g		
Vitamin A / Vitamine A	0%	0%
Vitamin C / Vitamine C	0%	0%
Calcium / Calcium 22mg	2%	0%
Iron / Fer 1mg	11%	2%

水

樽裝水種類繁多，是超級市場最暢銷的產品之一。而水的種類也很多，視乎來源、處理方法和礦物質添加等，同樣是水，但售價可以非常不同。是否「值得」，便得消費者自行決定了。

蒸餾水

解說 **製造過程**

蒸餾水是將水加溫至 100℃，收集蒸氣，然後再冷卻，成液體便是蒸餾水了。

NUTRITION INFORMATION 營養標示			
SERVINGS PER PACKAGE 本包裝含：4.3份		SERVING SIZE 每一份量：100ml 毫升	PER SERVING 每份
ENERGY 熱量	0kcal 千卡	PROTEIN 蛋白質 0g 克	FAT 脂肪 0g 克
CARBOHYDRATE 碳水化合物	0g 克	SUGARS 糖 0g 克	SODIUM 鈉 0mg 毫克

不宜 **沒有礦物質**

蒸餾水的特點，正如生產商所說，當然是它的「清醇」。因為只有水是在這個溫度蒸發，其他的雜質都會留下。蒸餾水是非常純正的水，十分適合一些機器的運作，如用來注入蒸氣熨斗、作為汽車引擎的冷卻劑等。但作為飲用水，因為蒸餾水中甚麼也沒有，體內的礦物質（如骨骼中的鈣質）會溶於水，長期飲用，有礙健康。

過濾水

不宜 人造礦泉水

太清醇的水會令體內的礦物質流失。有生產商會在過濾水中加入礦物質（如鎂、鉀、鈣、鉀等），成為人造礦泉水。

注意 小心細菌

過濾水是將水通過濾器濾去雜質。過濾水的乾淨度程視乎所用的濾器。一些濾器能濾去細菌，一些能濾去雜質，甚至氯氣。

天然泉水 / 礦泉水

Composition in mg/liter :
Calcium: 80 / Potassium: 1 / Chlorides: 6.8 / Magnesium: 26 / Bicarbonates: 360 / Nitrates: 3.? / Sodium: 6.5 / Suffates: 12.6 / Silica: 15 / Dissolved solids at 180°C : 309 mg/l - pH : 7.2.

品牌❶

解說 一源頭、一品牌

源自天然的水一般需要經過處理才能飲用，例如滅菌、過濾髒物、去除過量的礦物質等。天然礦泉水的特別之處是，不可以在收集之後加入任何物質、濾走任何物質，甚至消毒、殺菌等人為加工程序。這些水必須有一個特定的源頭，而一個源頭，就只可以有一個品牌。

注意 礦泉水與泉水分別

至於泉水與礦泉水的分別，雖然兩者都是天然的，但稱為礦泉水的，就必須有相當含量、對健康有益的天然礦物質。沒有足夠的礦物質就只可以稱為泉水（Spring Water）。

有氣礦泉水

品牌 ❷

解說 有氣礦泉水生產過程

一些品牌會在泉口（或附近）收集
排出的氣體，然後在廠內注入，
成為天然有氣礦泉水（Sparkling
Water）。

MINÉRALISATION /
MINERAL CONTENT
mg/L - p.p.m. : CALCIUM 155,
MAGNESIUM 6.8, SODIUM 11.8,
HYDROGÉNOCARBONATE 445,
SULFATE 46.1, CHLORURE 25,
NITRATE 4.8

NATURAL
MINERAL WATER
FORTIFIED WITH GAS
FROM THE SPRING

天然礦泉水的礦物質是不可以另外添加的，不同泉源的各種礦物的
含量不同。

	品牌 ❶	品牌 ❷
重碳酸鹽（Bicarbonates）	357	320
鈣質（Calcium）	78	150
鎂（Magnesium）	23	4.2
鉀（Potassium）	0.75	1.2
氯化物（Chloride）	2.2	26
硝酸鹽（Nitrates）	3.8	—
硫酸鹽（Sulfates）	—	43
鈉（Sodium）	5.5	11

蘇打水 / 汽水

汽水的成分非常的簡單，基本都是 水 + 糖 + 色素 + 味道 + 二氧化碳。

不同品牌的汽水的基本程式都是一樣的，只是色素甜味劑不同罷了。值得留意的是汽水的白糖含量，一罐 12 安士的汽水便含有大約 40 克白糖，即 8 茶匙。至於那些所謂無糖的，亦不見得健康，因為用的都是化學甜味劑的（見甜味劑）。

不同可樂的化學添加劑比較

	Zero可樂（Zero）	健怡可樂（Diet）	可樂（Cola）
色素	150d（醬色）	150d（醬色）	150d（醬色）
酸度調節劑	338（磷酸）、331（檸檬酸鈉）	338（磷酸）、331（檸檬酸鈉）	338（磷酸）、331（檸檬酸鈉）
甜味劑	950（醋磺內酯鉀Ace-k）、951（阿斯巴甜）	951（阿斯巴甜），每罐大約176毫克	白糖40克（8茶匙）
防腐劑	211（苯甲酸鈉）	211（苯甲酸鈉）	211（苯甲酸鈉）
其他	咖啡因	咖啡因	咖啡因

除了醋磺內酯鉀和阿斯巴甜，生產商或會在不久的將來推出用其他甜味劑（如三氯半乳糖、甜菊糖代）的健怡可樂版本。

可樂

不宜 Nutrition Facts Per 100ml
（營養成分）

含白蔗糖的汽水，一罐便有 8
茶匙！

INGREDIENTS: CARBONATED WATER, SUGAR, COLOUR
(E150d), ACIDITY REGULATOR (E338), CAFFEINE AND
OTHER FLAVOURINGS.
　　汽水　成份：碳酸水、白糖、色素 (E150d)、
酸度調節劑 (E338)、咖啡因及其他調味劑。

Nutrition Facts per 100mL	
Energy	42kcal
Carbohydrate	11g
Protein	0g
Fat	0g

減肥可樂

taste • zero sugar

注意 甜味劑（E951, E950）

Zero 與 Diet 的分別主要是化學糖的配方。

INGREDIENTS: CARBONATED WATER, COLOUR (E150d), ACIDITY
REGULATORS (E338, E331), SWEETENERS (E951, E950),
CAFFEINE AND OTHER FLAVOURINGS, PRESERVATIVE (E211),
　　　　　　汽水　成份：碳酸水、色素 (E150d)、
酸度調節劑 (E338, E331)、甜味劑 (E951, E950)、
咖啡因及其他調味劑、防腐劑 (E211)
PHENYLKETONURICS: CONTAINS PHENYLALANINE
苯酮尿症患者：含苯丙氨酸

Nutrition Facts per 100mL	
Energy	0kcal
Carbohydrate	0g
Protein	0g
Fat	0g

不宜 防腐劑（E211）
苯甲酸鈉

檸檬可樂

SPARKLING LOW CALORIE CITRUS
FLAVOUR SOFT DRINK WITH VEGETABLE
EXTRACTS WITH SWEETENERS
INGREDIENTS: CARBONATED WATER, FLAVOURINGS (INCLUDING
CAFFEINE), COLOUR (CARAMEL E150d), CITRIC ACID,
SWEETENERS (ASPARTAME, ACESULFAME K), PHOSPHORIC
ACID (ACIDITY REGULATOR [E331])
CONTAINS A SOURCE OF PRENTEALANINE

NUTRITION INFORMATION TYPICAL VALUES PER 100ml			
ENERGY:	4.5 kJ, 1.0 kcal	FAT:	0g
PROTEIN:	0g	OF WHICH SATURATES:	0g
CARBOHYDRATE:	0g	FIBRE:	0g
OF WHICH SUGARS:	0g	SODIUM:	trace

This 330ml can contains
Calories 4.0 kcal <1%
Sugars 0.0 g 0%
Fat 0.0 g 0%
Saturates 0.0 g 0%
Salt 0.04 g 1%
% of an adult's guideline daily amount (based on a

BEST SERVED ICE COLD

注意 Acidity Regulator (E331)
（酸度調節劑）

自從有報告指出，苯甲酸鈉
作防腐劑的飲品會釋放出
苯，很多生產商已改用檸檬
酸鈉類 E331 代替。

健康飲品

配料：能量飲品—原味
配料：水、葡萄糖漿、二氧化碳、酸度
調節劑（檸檬酸、乳酸）、調味劑（包括
咖啡因）防腐劑（苯甲酸鈉、亞硫酸鈉）、
維他命C、色素（日落黃）。

解說 健康飲品成分

健康飲品的方程式：
- 色素（日落黃）
- 葡萄糖
- 酸味
- 水
- 咖啡因

大忌 咖啡因

咖啡因用來提神。很多
消費者沒有看清標籤資
料。喝完晚上睡得不好
也不知為甚麼？

色素（日落黃）

日落黃是化學色素，國際
添加劑編號是 110。

防腐劑（苯甲酸鈉、亞硫酸鈉）

很多飲品已經不用苯甲酸鈉作防腐
齊，但這款飲品仍然用，而且還加
入維他命 C。維他命 C 加上防腐
劑苯鉀酸鈉，可能會發生化學反應
（見防腐劑）。

湯力水

大忌 Regulator (E331)（防腐劑）
阿斯巴甜

> NUTRITION INFORMATION
> TYPICAL VALUES PER 100ml:
> ENERGY: 7.5kJ, 2kcal
> PROTEIN: 0g
> CARBOHYDRATE: 0g
> OF WHICH SUGARS: 0g
> FAT: 0g
> OF WHICH SATURATES: 0g
> FIBRE: 0g
> SODIUM: 0.04g
> INGREDIENTS: CARBONATED
> WATER, CITRIC ACID, ACIDITY
> REGULATOR (E331), FLAVOURINGS
> (INCLUDING QUININE),
> SWEETENER (ASPARTAME),
> CONTAINS A SOURCE OF
> PHENYLALANINE
> FREEPHONE CONSUMER
> CARELINE 0800 227711
> © 2006. ALL RIGHTS RESERVED.

加入防腐劑

維他命 C 加上防腐劑苯
鉀酸鈉，可能會發生化
學反應（見防腐劑）。

解說 注意敏感

湯力水不是普通的汽
水。它加入了一種 17 世
紀時用來防治瘧疾的古
方：奎寧（Quinine）。
當然，現時市面上的奎
寧水中的奎寧份量只有
很少，基本上沒有甚藥
用價值，只是提供一點
苦澀味道罷了。而一些
人可能會對奎寧有皮膚
敏感的反應。

注意 Sweetener (Aspartame)（甜味劑）
E331 是檸檬酸鈉類，對健康無礙

因為消費者逐漸了解到汽水「無益」，紛紛找尋比較健康的選擇。摩登涼茶應市場的需求而出現，最先出現的是菊花茶，但摩登涼茶是否就是健康就有很大的疑問，因為其糖分還是相當高。

五花茶

五花茶飲品
FLORAL HERBAL TEA DRINK

成份：
純水、片糖、菊花、木棉花、葛花、槐花、金銀花。

Ingredients:
Purified Water, Brown Sugar, Chrysanthemum, Bombax Ceiba, Flower of Lobed Kludzuvine, Scholartree Flower, Lonicera Japonica.

儲存方法：
開啟後需冷藏。
存放陰涼、乾爽處，避免陽光照射。
Refrigerate After Opening.
Keep In Cool, Dry Place.
Avoid Direct Sunlight.

 注意糖分

每 100 克有 5 克糖，
1 瓶便有 25 克糖了！
（大約 5 茶匙）

果汁

　　果汁也有多種。果汁內的糖分與汽水相約，12 安士（340 毫升）有大約有 40 克糖，與一般汽水相約。

果汁

Nutrition Facts

Serving Size 8 fl. oz. (240mL)
Servings Per Container　about 4

Amount Per Serving

Calories 110	Calories from Fat 0

	% Daily Value*
Total Fat 0g	0%
Saturated Fat 0g	0%
Trans Fat 0g	
Cholesterol 0mg	0%
Sodium 0mg	0%
Potassium 320mg	9%
Total Carbohydrate 30g	10%
Dietary Fiber 4g	16%
Sugars 26g	
Protein 1g	

Vitamin A 20%	•	Vitamin C 500%
Calcium 3%	•	Iron 11%
Vitamin E 20%	•	Vitamin B6 10%
Vitamin B12 10%		

Bakersfield, CA 93307　©2008　U.S. patent D488,679

★ **注意** No Sugar added
（沒加糖）

標榜無添加糖，但其實本身天然糖分已非常高，比一些汽水的濃度還要高！

西梅汁

解說 水溶性纖維

專家的建議是每日所需纖維中（如 20 克），其中 20%（即 4 克）是水溶性的。

Nutrition Facts

Servings	Per 240 ml	Per 100 ml
Energy	177 cal	73.7 cal
Protein	2.1 g	0.9 g
Total Fat	0.2 g	0.1 g
Saturated Fat	0.0 g	0.0 g
Trans Fat	0.0 g	0.0 g
Total Carbohydrate	41.3 g	17.2 g
Dietary Fiber	1.4 g	0.6 g
Sugars	23.5 g	9.8 g

宜 Dietary Fiber　1.4g　0.6g
（膳食纖維）

因為是水提（Water-extract），產品中的纖維應是水溶性的，對腸道健康尤其有效。

大忌 Sugars　23.5g　9.8g（糖）

每食用份量有 23.5 克白糖，大約 5 茶匙。

番茄汁

Nutrition Facts

Serving Size 1 can

Amount Per Serving	
Calories 30　Calories from Fat 0	
	% Daily Value*
Total Fat 0g	0%
Saturated Fat 0g	0%
Trans Fat 0g	
Cholesterol 0mg	0%
Sodium 470mg	20%
Potassium 300mg	9%
Total Carbohydrate 7g	2%
Dietary Fiber 1g	4%
Sugars 5g	
Protein 1g	

不宜 Sodium 470 20%（納）

很多消費者沒有注意原來茄汁的鹽分很高，小小一罐茄汁便已經有 470 克鈉！是每日攝取量的 20%。

西瓜梳打

注意

酸度調節劑（E330）

蘋果汁

注意

甜味劑（E950, E955）

椰子水

宜 不含添加劑

不含人造色素

濃縮果汁

　　這又是標榜健康的飲品，之前被宣傳作高維他命 C、低糖的飲料，近年被很多消費者團體質疑，它的糖分（稀釋後）其實與汽水相約。

濃縮果汁

營養資料─依指示沖調後 Nutrition Information – Dilute according to instructions	
基本營養價值 Nutrition Fact	每240毫升（沖調後） Per 240ml (after dilution)
能量（千焦耳） Energy (kJ)	463
碳水化合物（克） Carbohydrate (g)	26.9
維他命C（毫克） Vitamin C (mg)	96

Best Before (dd-mm-yy): Please see cap.
此日期前最佳（日-月-年）：請參閱瓶蓋

大忌

碳水化合物（克） 26.9

維他命C（毫克） 96

高糖：飲品中的碳水化合物大部分來自添加的糖分。一食用份量便有大約 5 茶匙的糖。

防腐劑（山梨酸鉀，偏亞硫酸鈉）

防腐劑或引致敏感反應

宜

沒有標籤

維他命 C，96 克是每天建議攝取量的 166%。

色素（葡萄皮提取物）

天然色素

成份：蔗糖、水、黑加侖子汁、維他命C、酸度調節劑（檸檬酸） 防腐劑(山梨酸鉀、稨亞硫酸鈉) 色素(葡萄皮提取物)
Ingredients: Sucrose, Water, Blackcurrant Juice, Vitamin C, Acidity Regulator (Citric Acid), Preservatives (Potassium Sorbate, Sodium Metabisulphite), Colour (Grape Skin Extract).

3.10
零食

餅乾

　　餅乾是很多人常吃的零食，市面上的選擇很多，不難找到比較健康的。消費者在選擇時最需要留意的元素是油分，尤其是反式脂肪。例如：

1. 材料表上列明植物油起酥油（理應含有反式脂肪），但營養標籤上的反式脂肪含量是零——這可能是因為根據香港法例，如果食品中每 100 克含少於 0.3 克的反式脂肪，便可以在表中列作零反式脂肪。

2. 雖然使用棕櫚油，但仍有反式脂肪。棕櫚油是天然的半固體油，可以用作起酥油，天然的是不含反式脂肪的。但一些食物製造商用的是氫化了的棕櫚油，令大部分的油變成飽和脂肪，但仍然有一些給轉化作氫化脂肪。

　　市面中找到的餅乾，絕大部分都是用植物起酥油，含有反式脂肪的。牛油曲奇亦含反式脂肪。但如果用的是純正牛油，亦可能含有天然的反式脂肪的，對健康的作用與人造的截然不同（見反式脂肪）。

百力滋

不宜 營養成分表（每1袋）

產品並沒有任何營養性資料。

大忌 人造牛油（奶類製品）

用的都是人造牛油、植物油。

朱古力忌廉餅

解說 e

這個符號是指產品的重量符合歐盟對已包裝食品的平均重量規定，即產品的平均重量最少達到聲稱。

ammonium......bicarbonate
（碳酸銨、碳酸氫鈉）

雖是 EU 產品，但突顯不用人造化學添加劑，都不用國際添加劑編號，而用添加劑的名字，如膨脹劑 Ammonium Carbonate Sodium Bicarbonate 的名字。

V（素食者）

適合素食人士食用

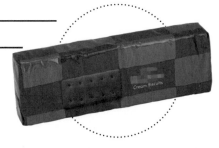

Sugars 4.3g（糖）

每塊餅乾含 4.3 克糖，大約 1 茶匙。

餅乾

GREDIENTS: WHEAT FLOUR, VEGETABLE OIL, SALT, RAISING A
UITABLE FOR VEGETARIANS. STORE IN A COOL, DRY PLACE. BE
IGREDIENTS: FARINE DE BLÉ, MATIÈRE GRASSE VÉGÉTALE, SEL
EGETARIENS. A CONSERVER DANS UN ENDROIT FRAIS ET SEC.

 Vegetable Oil植物油

沒有營養標籤，不知道
有多少反式脂肪。

梳打餅

 植物起酥油

不知道是甚麼起
酥油，但營養標
籤上表示反式脂
肪是零的。

食鹽

沒有列明鈉的含
量是多少。

配料：小麥粉 植物起酥油 食鹽 碳酸鈣，
（碳酸氫鈉，碳酸氫銨），酵母，麥芽提取物

 強化鈣＋鐵

有鈣和鐵的聲
稱，故在營養標
籤上列明含量。

 每100克餅乾含有約5份（每份3片餅乾）
並含有強化鈣320毫克，每份餅乾提供的
鈣相當於成人每日推薦攝入量的8%。

 每100克餅乾含有約5份（每份3片餅乾）
並含有強化鐵4.8毫克，每份餅乾提供的鐵
相當於成人女性每日推薦攝入量的5%。

燕麥曲奇餅

Nutrition Facts

Serving Size (19g)
Servings Per Container 20

Amount Per Serving		
Calories 90		Calories From Fat 30
		% Daily Value*
Total Fat	3g	5%
Saturated Fat	1g	10%
Trans Fat	0.3g	
Cholesterol	5mg	2%
Sodium	15mg	1%

Silang Good Vita Natural Oat Cracker 380g
小麥粉[小麥]、白砂糖、食用棕櫚油、麩皮小麥、
澱粉、雞蛋[蛋類]、燕麥[燕麥]、膨脹劑[碳酸氫鈉
ICSC 1044]、膨脹劑[磷酸氫鈣 E341(ii)]、食鹽。
此食物含有致敏物小麥，蛋類，燕麥和其相關製品
Wheat Flour[Wheat], White Sugar, Edible Palm Oil,
Wheat Bran [Wheat], Starch, Egg[Egg], Oats[Oat],
Raising Agent[Sodium Bicarbonate ICSC 1044].

大忌 Serving Size(19g)食用份量
Serving Per Container 20

每一食用份量（3 塊）有 0.3 克
反式脂肪。

不宜 食用棕櫚油

食用棕櫚油可能是經過氧化
的，故有少量反式脂肪。

此食物含有……相關製品

含致敏源

消化餅

不宜 沒有標籤

故不知道反式脂肪含量。

大忌 Vegetable Shortening
（植物起酥油）

植物起酥油含反式脂肪
（見反式脂肪）

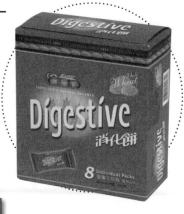

Wheat Flour, Vegetable Shortening,
Meal Flour (contain gluten), Wheat Bran
Raising Agents (E500, E503), Edible Salt
ator (E334), Oat Fibre, Emulsifier (E322)
on equipment that also processes biscu
eanut, sesame, egg and milk.

營養餅

 大忌 植物油

含反式脂肪

原味穀物餅乾
Original Cereal Biscuit

配料：小麥粉, **植物油**, 麥糠, 玉米澱粉, 蛋, 燕麥, 膨脹劑 (500, 503, 341), 鹽 (含有麵粉處理劑 (917)), 麵粉處理劑 (焦亞硫酸鈉)。

Ingredients:
Wheat Flour, Vegetable Oil, Sugar, Wheat Bran, Corn Starch, Egg, Oat, Raising Agent (500, 503, 341), Salt (contains flour treatment agent (917)), Flour Treatment Agent (sodium metabisulphite).

此產品可能含有微量花生製品, 大豆製品, 奶類製品, 本類堅果及堅果製品。
This product may contain traces of peanut products, soybean products, milk products, tree nuts and nut products.

把美味營養動力餅乾浸入牛奶, 天然穀物的風味配上新鮮牛奶奶, 風味更佳, 營養更全面！

檸檬夾心餅

注意 Margarine 人造牛油

極有可能含少量反式脂肪, 但因為只有少量（每 100 克少於 0.3 克）, 故可以聲稱含零反式脂肪。

大忌 Hydrogenated Vegetable Oil Shortening （起酥油）

氫化植物起酥油（見反式脂肪）。

Lemon Flavoured Sandwich Biscuits Ingredients: Wheat Flour, Hydrogenated Vegetable Oil Shortening (palm oil contains antioxidant (ascorbyl palmitate, di-α-tocopherol, soy lecithin)), Sugar, Margarine (contains milk product, antioxidant (ascorbyl palmitate, di-α-Tocopherol, soy lecithin)), Salt, Leavening/Raising Agent (sodium bicarbonate), Whole Milk Powder, Malt Extract (barley product), Lemon Concentrate, Yeast, Emulsifier (soy lecithin) Artificial Flavouring (Lemon, Orange), Artificial Colour (Tartrazine (FD&C Yellow No.5)).

Artificial Flavouring （增味素）

人造調味劑（見增味素）

Artificial Colour （色素）

人造色素（見色素）

Nutrition Facts / 營養資料	Amount/serving / 次食量中含量	%DV* / %日攝值*	Amount/serving / 次食量中含量	%DV* / %日攝值*
Serving Size / 次食量 1 Piece / 1塊 (11g) Servings / 食用次數 About / 約 16 Calories / 卡路里 50 Fat Cal. / 脂肪卡路里 20	Total Fat / 總脂肪 2g	3%	Total Carb. / 碳水化合物總量 7g	2%
	Sat. Fat / 飽和脂肪 1g	5%	Dietary Fiber / 膳食纖維 0g	0%
	Trans Fat / 反式脂肪 0g		Sugars / 糖 2g	
* Percent Daily Values (DV) are based on a 2,000 calorie diet.	Cholest. / 膽固醇 0mg	0%	Protein / 蛋白質 1g	
* 日攝值百分率基於2,000卡路里日膳食。	Sodium / 鈉 25mg	1%		

Vitamin A / 維他命A 0% • Vitamin C / 維他命C 0% • Calcium / 鈣 0% • Iron / 鐵 2%

芝士夾心餅

Nutrition Facts:

	per 100g	per 35g

Enriched Flour [Wheat Flour, Niacin, Reduced Iron, Thiamine Mononitrate (Vitamin B1), Riboflavin (Vitamin B2), Folic Acid], Soybean Oil, Palm Oil, Whey (Milk Product), Sugar, Partially Hydrogenated Cottonseed Oil, High Fructose Corn Syrup, Milk Fat, Sunflower Oil, Salt, Cheddar Cheese (made from Cultured Milk, Salt, Enzymes), Raising Agents (Sodium Bicarbonate, Calcium Phosphate), Buttermilk, Humectant (E339), Natural Flavor, Emulsifier (Soy Lecithin), Maltodextrin, Color (E110), Modified Cornstarch.

 Color (E110)

含色素

Partially Hydrogenated Cottonseed Oil（局部氫化棉子油）

棉子油來自種植棉花的植物，棉花收割後，剩下的油籽可提煉出大量可食用油脂，因為價錢便宜，深受精製食品生產商歡迎，消費者可留意。

但用棉子油有不少問題：

- 殘留的農藥。
- 高水平的奧米加6，因為不穩定，十分容易受到氧化而油膉。
- 因為不穩定，生產商多會先將油氫化，而產生反式脂肪酸。

薯片

薯片是芸芸精製食品中殺傷力最大的，但卻又最受歡迎。有別於糖果，很多成年人都會喜歡它，尤其當飲酒的時候。

薯片的不健康是多方面的：

- **高熱量**：多數薯片都是油炸的，含有大量的油分。一食用份量的薯片大約重25至28克，才十數塊，便已有150卡路里，而這些卡路里大部分來自其15克的油（大約1湯匙）。

- **油分**：薯片大都是需要用高溫油炸的。高溫會令不飽和脂肪氧化，在體內製造大量游離基，傷害血管，令血管更容易積聚脂肪。

- **反式脂肪**：因為要延長貨架壽命，很多薯片都是用含反式脂肪的氫化油炸的，而反式脂肪對健康的害處比飽和脂肪更甚。

- **丙烯醯胺（Acrylamide）**：這是一種毒性甚高的致癌物質。澱粉質（包括馬鈴薯、番薯、芋頭、大麥等）經高溫處理（超過120℃），如烘焙、燒烤、油炸等，會製造出這種物質。

- 一個2002年的瑞典科學研究報告指出，長期從食物中攝取丙烯醯胺，會增加多個器官患上各種癌症的機會，如乳房、甲狀腺、腎上腺等。值得一提的是，日常食用的麵包也含小量的丙烯醯胺，但如果將麵包烘「燶」，丙烯醯胺的含量會增加數十倍之多，而愈「上色」，含量便愈高。

- **高鹽分**：用來佐以啤酒的薯片多數有很高的鹽分。因為鹽分高，食後感覺口渴，便會多喝一點。這是為甚麼酒吧多數會售賣多鹽的小食，如薯片、鹽花生等的原因。 [21-23]

安格斯牛味薯片

By Hong Kong Food & Drugs Regulation:

Nutrition Information	
	Per 100g
Energy	2120 kJ
Protein	7 g
Total Fat	29 g
- Saturated Fat	2.6 g
- Trans Fat	0 g
Carbohydrates	55 g
- Sugars	2.7 g
Sodium	618 mg

Distributor: European
Gourmet Limited
Unit 02, 10/F, Core 45,
43-45 Tsun Yip Street,
Kwun Tong, Kowloon,
Hong Kong
Tel.: (852) 2880 0588
Fax: (852) 2880 5511
Best Before
此日期前最佳:
(DD/MM/YY) (日/月/年)
03/04/21
Net Weight: 150g

Mackie's Potato Crisps Flamegrilled Aberdeen Angus
Ingredients: Potatoes, high oleic sunflower oil, flamegrilled aberdeen
angus seasoning (7%) (yeast extract powder, maltodextrin, salt, onion
powder, sugar, lactose (milk), tomato powder, dextrose, natural
flavouring, acidity regulator (citric acid), caramelised sugar powder,
aberdeen angus beef powder, vegetable extract).
May contain wheat, barley, oats, gluten, milk and mustard.
Manufacturer by: Mackie's at Taypack Ltd.
Moncur Farm, Inchture, Perthshire, Scotland, PH14 9QF
Product of Scotland

CODE: MK010227

flamegrilled
aberdeen
angus
flavour
Potato Crisps
gently cooked to perfection

宜 天然增味劑
Natural Flavouring

紅椒味薯片

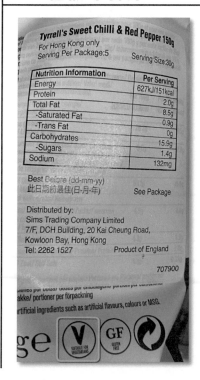

Tyrrell's Sweet Chilli & Red Pepper 150g
For Hong Kong only
Serving Per Package:5   Serving Size:30g

Nutrition Information	Per Serving
Energy	627kJ/151kcal
Protein	2.0g
Total Fat	8.5g
-Saturated Fat	0.9g
-Trans Fat	0g
Carbohydrates	15.9g
-Sugars	1.4g
Sodium	132mg

Best Before (dd-mm-yy)
此日期前最佳(日-月-年)   See Package

Distributed by:
Sims Trading Company Limited
7/F, DCH Building, 20 Kai Cheung Road,
Kowloon Bay, Hong Kong
Tel: 2262 1527   Product of England

707900

...ciones por bolsa/ ...doses por embalagem/ porzioni per confezione/
...akke/ portioner per förpackning

...rtificial ingredients such as artificial flavours, colours or MSG.

(V) SUITABLE FOR VEGETARIANS   GF GLUTEN FREE   ♻

sweet chilli
& red pepper
EST. HEREFORDSHIRE, ENGLAND

宜 適合素食者

原味薯片

注意 氯化鉀

為了減低食品中鈉的含量,生產商會以氯化鉀(Potassium Chloride)代替,還會作出「低鈉(Low Salt)」的聲稱。身體健康的人食用小量低鈉(但高鉀)的食品問題不大,但一些需要服藥來控制慢性疾病的人,如心臟病、高血壓患者等,攝取太多的鉀會減低藥物的效用。腎臟機能有問題的人更不宜食用,因為會增加腎臟的負荷。

宜 沒有化學色素

天然色素

不宜 植物油

聲稱沒有反式脂肪,但沒有列明用甚麼油,故仍有可能含有反式脂肪。

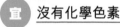

成份:馬鈴薯 植物油 麥芽糊精、食鹽 氯化鉀
Ingredients : Potato, Vegetable Oil, Maltodextrin, Salt, Potassium Chloride

---

鹽醋味薯片

gredients: Select potatoes, expeller high es, expeller monounsaturated safflower and sunnower oil, negar powder, (maltodextrin, distilled white urated egar), sea salt, citric acid (acidity regulator), rf oil, ltodextrin.

vinegar powder (maltodextrin, distilled white vinegar), sea salt, citric acid, maltodextrin.

Nutrition Facts
Serving Size 1oz. (28g)
Servings Per Container: 2

Amount Per Serving	
Calories 150 Calories from Fat 80	
	% Daily Value*
Total Fat 9g	14%
Saturated Fat 1g	5%
Trans Fat 0g	
Polyunsaturated Fat 1g	
Monounsaturated Fat 7g	
Cholesterol 0mg	0%
Sodium 190mg	8%
Potassium 400mg	11%
Total Carbohydrate 16g	5%
Dietary Fiber 1g	4%
Sugars 0g	

宜 沒有標籤

沒有味精

沒有標籤

沒有色素

解說 Expeller(壓榨油)

Expeller Press 即壓榨油,提取油的時候沒有用任何化學溶劑,如己烷(Hexane),是最高質素的食用油。葵花籽油與紅花油的脂肪酸成分大致相同,油酸的含量大約 70%。

Monounsaturated Fat 7g
(單元非飽和脂肪)

單元非飽和脂肪:很少營養標籤會列明單元非飽和脂肪的含量,亦很少油會有這樣高水平的油酸,除了橄欖油和高油酸的葵花籽和紅花油。

洋蔥味薯片

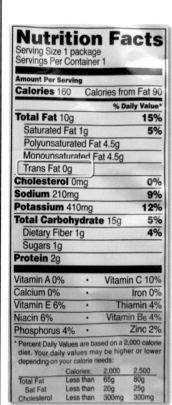

Nutrition Facts
Serving Size 1 package
Servings Per Container 1

Amount Per Serving

Calories 160	Calories from Fat 90

	% Daily Value*
Total Fat 10g	**15%**
Saturated Fat 1g	**5%**
Polyunsaturated Fat 4.5g	
Monounsaturated Fat 4.5g	
Trans Fat 0g	
Cholesterol 0mg	**0%**
Sodium 210mg	**9%**
Potassium 410mg	**12%**
Total Carbohydrate 15g	**5%**
Dietary Fiber 1g	**4%**
Sugars 1g	
Protein 2g	

Vitamin A 0%	•	Vitamin C 10%
Calcium 0%	•	Iron 0%
Vitamin E 6%	•	Thiamin 4%
Niacin 6%	•	Vitamin B6 4%
Phosphorus 4%	•	Zinc 2%

* Percent Daily Values are based on a 2,000 calorie diet. Your daily values may be higher or lower depending on your calorie needs:

		Calories:	2,000	2,500
Total Fat		Less than	65g	80g
Sat Fat		Less than	20g	25g
Cholesterol		Less than	300mg	300mg

Lay's Sour Cream & Onion
Ingredients: Potatoes, Sunflower Oil, Sour Cream & Onion Flavoring (Nonfat Milk Solids, Maltodextrin, Onion Powder, Whey, Salt, Sour Cream, Dextrose, Flavor Enhancer (E621), Palm Oil, Parsley, Partially Hydrogenated Vegetable Oil, Lactose, Whey Protein Isolate, Buttermilk Solids, Acidity Regulator (E330, E270), Flavor), Salt. Contains Milk, Wheat and Soybean ingredients.

注意 Trans Fat 0g（反式脂肪）

美國法例下，每食用份量低於 0.5 克便可在標籤上聲稱零反式脂肪（本地食安中心的指引為 0.3 克）。

消費者必須細看成分表中有沒有局部氫化脂肪等成分。

不宜 All Natural Oil（全天然食油）

正面標籤：全天然食用油？

但細心一看成分表，除了天然的葵花籽油外，還有絕非天然局部氫化了的大豆油（Partially Hydrogenated Fat），即反式脂肪。只是因為美國法例容許生產商，如果每一份量少於 0.5 克，便可聲稱反式脂肪含量為零。但其實吃下一包這樣的薯片，便有機會攝取了 0.5 克的反式脂肪！

大忌 Flavor Enhancer (E621)（增味素）

Flavor Enhancer，即增味素 E621，是味精的添加劑編號。

Hydrogenated Vegetable Oil（氫化脂肪胺酸）

Partially Hydrogenated Fat，局部氫化脂肪酸，即反式脂肪。

包裝薯片

注意 植物油（部分含大豆油）

沒有列明用的是甚麼油！

配料：
精選馬鈴薯 植物油（部分含大豆油）天然香料，酵母，增味劑
(E621)，天然香辛料，食用鹽，麵包屑（含麩質製品），白砂糖，
抗結劑(E341(iii),E551)，水解植物蛋白，薯粉，豆漿粉（全奶類
製品），食用色素(E150b,E101(i) 抗氧化劑(E320,E321,E310)

大忌 抗氧化劑

（E320, E321, E310）

BHA320, BHT321 是消費者
需要留意的化學抗氧化劑（見
防腐劑和抗氧化劑）

Nutrition Information 營養資料	
	Per 100g / 每100克
Energy / 熱量	528kcal / 千卡 (2207kJ / 千焦)
Protein / 蛋白質	7.36g / 克
Fat, total / 脂肪總量	29.60g / 克
- Saturated fat / 飽和脂肪	13.20g / 克
Cholesterol / 膽固醇	<0.10mg / 毫克
Carbohydrate / 碳水化合物	58g / 克
- Sugars / 糖	2.61g / 克
Dietary fibre / 膳食纖維	0.56g / 克
Sodium / 鈉	310mg / 毫克
Calcium / 鈣	11mg / 毫克

沒有標籤

沒有列明反式脂肪含量

沒有標籤

沒有列明味精含量

不含反式脂肪薯片

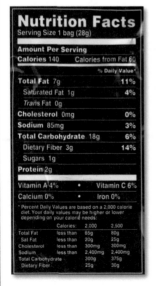

宜 No Trans Fat（反式脂肪）

沒有氫化植物油，即沒有反式脂肪

No Glutmate 味精

沒有味精，即沒有增味素

No Colourings（色素）

沒有色素

筒裝薯片

 不宜 Sunflower Oil
（葵花籽油）

聲稱 100% 葵花籽油，
但卻又用了局部氫化大
豆油和棉子油。

Great tasting
Potato Crisps.
Made with
100% Pure
Sunflower Oil.

Sour Cream & Onion Potato Crips　　161899
Ingredients. potato flakes. sunflower oil, unmodified potato
starch. rice flour, and less than 2% of the following: emulsifier
(E471). sugar. salt. dextrose. nonfat milk solids. onion
powder. whey (milk product) flavor enhancer (monosodium
glutamate) corn starch. sour cream (cream, nonfat milk
cultures). lactose partially hydrogenated soybean and
cottonseed oil. thickener (maltodextrin). emulsifier (soybean
lecithin). acid (citric acid). natural and artificial flavor. acid
(malic acid). cheddar cheese (milk. cheese culture. salt.
enzymes). sodium caseinate. buttermilk solids. corn syrup
solids. color (E102. 133. E129). flavour enhancer (disodium
inosinate, disodium guanylate), acid (lactic acid).

Cholesterol 0mg	0%
Sodium 190mg	8%
Total Carbohydrate 15g	5%

 大忌 Flavor Glutamate （增味素）

味精及各種增味劑（見味增素）

E102 133 E129 （色素）

化學色素

Sodium...8% （鈉）

高鈉

洋芋片/ 薯片

品名： ██ ®洋芋片 **大忌** 植物油

成分:乾馬鈴薯 植物油 米粉、小麥澱粉
奶、洋蔥、酸奶油、乳清、調味劑/增味劑(麩
酸味劑(檸檬酸及乳酸)、乳化劑(酪蛋白酸

沒有列明用的
是甚麼油

脂肪 9 公克	16
飽和脂肪3.5公克	19
反式脂肪 0.2 公克	--
膽固醇0毫克	0
碳水化合物 12 公克	4
鈉130毫克	5

反式脂肪0.2公克

產品有小量反式脂肪

沒有標籤

色素

鈉130毫克　5

高鈉

筒裝芝士波

Nutrition Facts
Serving Size 1 oz (28g - about 39 pieces)
Servings Per Container: About 4.5

Amount Per Serving

Calories 140 　　　 Calories from Fat 70

　　　　　　　　　　　　 % Daily Value*

Total Fat 8g 　　　　　　　　　　 12%
　 Saturated Fat 1.5g 　　　　　　 8%
　 Trans Fat 3g
Cholesterol 0mg 　　　　　　　　 0%
Sodium 370mg 　　　　　　　　 15%
Total Carbohydrate 16g 　　　　　 5%

	Calories:	2,000	2500
Total Fat	Less than	65g	80g
Sat. Fat	Less than	20g	25g
Cholesterol	Less than	300mg	300mg
Sodium	Less than	2,400mg	2,400mg
Total Carbohydrate		300g	375g
Dietary Fiber		25g	30g

INGREDIENTS: CORN MEAL, VEGETABLE OIL, WHEY, SALT, BULKING AGENT (MALTODEXTRIN), CHEDDAR CHEESE (PASTEURIZED MILK CHEESE CULTURES, SALT, AND ENZYMES), FLAVOR ENHANCER (MONOSODIUM GLUTAMATE), STABILIZER (TRISODIUM PHOSPHATE), SOUR CREAM SOLIDS, COLORS (FD&C YELLOW 6 & YELLOW 5), NATURAL AND ARTIFICIAL FLAVORS, FLAVOR ENHANCER (DISODIUM INOSINATE AND DISODIUM GUANYLATE).

 大忌 Trans Fat 3g
（反式脂肪）

含有大量脂肪之餘（50%），其中反式脂肪含量更是驚人。每一食用份量就有 3 克。食用一個食用份量便已超標。

Flavor......Glutamate（味精）

味精。

Colors....Yellow 5（色素）

化學色素 FD&C Yellow 62 和 Yellow 5（小朋友尤其小心）

芝士圈

CHEESE FLAVOURED CORN SNACK
Ingredients: Corn, Non Hydrogenated Vegetable Oil (Palm- Contains Antioxidant E320), Rice Grits, Milk Powder, Salt, Flavour Enhancers (Monosodium Glutamate E621, Disodium 5'-Ribonucleotides E635, Disodium 5'-Guanylate E627, Disodium 5'-Inosinate E631), Acidity Regulators (E331, E330, E339), Cheese Powder (Milk) Spices, Yeast Extract, Natural Colours (Paprika Extract E160C), Nature Identical and Natural Flavouring.
ALLERGEN INFORMATION: CONTAINS MILK, MANUFACTURED ON EQUIPMENT THAT ALSO PROCESSES WHEAT, SOYA, EGG, CELERY AND MUSTARD.

 宜 天然色素 E160C

紫薯條

大忌 增味劑（621, 627, 631）

筒裝芝士波

 大忌 Calories......Fat 120
（卡路里）

大部分的薯片類食品卡路里來自油分，卡路里是 11~15%，這產品的脂肪含量卻特別高，達 20% 呢！

Amount Per Serving	
Calories 170	Calories from Fat 120
	% Daily Value*

INGREDIENTS: VEGETABLE OIL (SUNFLOWER SEED AND/OR SOYBEAN), CORN GRITS, CHEESE SEASONING (WHEY, CHEDDAR CHEESE [PASTEURIZED MILK, CHEESE CULTURES, SALT, ENZYMES], PARTIALLY HYDROGENATED SOYBEAN OIL, SALT, MALTODEXTRIN, DISODIUM PHOSPHATE, SOUR CREAM [CREAM, NONFAT MILK, CULTURES] MONOSODIUM GLUTAMATE, ARTIFICIAL FLAVOR, YELLOW 6 LACTIC ACID, CITRIC ACID, TURMERIC EXTRACT [COLOR] [AND ANNATTO EXTRACT [COLOR]]) SALT, CITRIC ACID AND MONOSODIUM GLUTAMATE.

宜 Annatto Extract [Color]
（天然色素）

天然色素有薑黃素和紅木的種子提取的色素。

Partially......Soybean Oil
（含氫化黃豆油）

含反式脂肪的局部氫化脂肪

Monosodium......Flavor
（單元鈉味精）

味精

Yellow 6 （色素）

化學黃色色素

注意 Real Cheese Flavor
（真正乳酪味）

Real Cheese Flavor，真正乳酪「味道」並不等如真正乳酪。所謂「味道」可能來自天然或非天然的增味劑，必須看清楚標籤才可得知。

脆紫菜 （辣香味）

Ingredients: Seaweed, Palm Oil, Pepper, Chilli, Salt, Flavour Enhancer (E627, E631)
配料：紫菜，棕櫚油，胡椒粉，辣椒，鹽，增味劑 (E627, E631)

 大忌 增味劑（E627, E631）

糖果

為了增加食物的吸引力，不少給兒童的食品都會加入很多添加劑，其中一些是消費者特別需要留意的：

色素：有研究發現，某些人造色素會引致敏感反應和影響兒童的行為，故在選擇糖果的時候要特別留心。事實上，也不是沒有選擇的，可選擇沒有色素或用天然色素的糖果（見色素）。

糖：食用太多糖分會引致肥胖症、蛀牙等，最好還是少吃。但如果生產商聲稱沒有糖分，消費者更要留意標籤，因為他們很可能是用了比糖對健康更有害的化學糖（見甜味劑）。

反式脂肪：食用反式脂肪會增加患上心血管病、糖尿病、肥胖症等的機會，更會影響腦部發育。故很多國家／地區都有規定食品標籤上必須列明反式脂肪的含量。本地的營養標籤規定於 2010 年 7 月才正式實施。要知道食品有沒有反式脂肪，便要細閱成分表，看看有沒有以下的字眼：氫化脂肪、植物起酥、植物起酥油、Hydrogenated Fat、Vegetable Shortening。

如果成分表中列明棕櫚油是唯一用過的植物油，那產品應該是沒有反式脂肪的。

口香糖

注意 Calcium（鈣）

標榜有鈣，但沒有列明有多少。

NET WT: 31g
• NAME：ORION XYLITOL GUM (LEMONMINT)
EMULSIFIER(XYLITOL), GUM BASE(CONTAIN
AGENT(ISOMALT), FLAVOUR, THICKENER(GUM
REGULATOR/CALCIUM LACTATE), GREEN TEA PO
E171, E102).

XYLITOL 70% + CALCIUM
+ ANTI-HALITOSIS
Xylitol 70% out of Sweetner

大忌 (E171, E102)（色素）

化學色素 102 Tartrazine，檸檬黃

E171（添加劑）

添加劑 171 是二氧化鈦（Titanium Dioxide），用來增加食物的質感。

解說 Anti-Halitosis（防口氣）

Anti-Halitosis 是防口氣的意思，主要是用檸檬和薄荷的味道來掩蓋口氣，對引致口氣的本因沒有多大的改善。

口香糖

不宜 Sugarfree Gum
（無糖香口珠）

聲稱「無糖」的產品，多用了化學糖，對健康來說，比真正的糖更無益！這產品還用了糖醇（木糖醇（Xylitol）、麥芽糖醇（Maltitol）和甘露醇（Mannitol）（見甜味劑）。這些糖的血糖指數不高，但食用太多，或會引致肚瀉。

MADE BY WRIGLEY CONFECTIONERY (CHINA) LTD., 111 FRIENDSHIP ROAD,
GETDD, GUANGZHOU, CHINA FOR THE WRIGLEY CO. (HK) LTD. UNDER THE TM
LICENSE OF WM. WRIGLEY JR. CO., USA.
INGREDIENTS: SWEETENERS (XYLITOL (38%), MALTITOL, MANNITOL ASPARTAME)
SORBITOL ACESULFAME K), GUM BASE, THICKENER 414, FLAVOUR, EMULSIFIER
SOYBEAN LECITHIN, COLOUR 171, GLAZING AGENT 903, ANTIOXIDANT 321.
PHENYLKETONURICS: CONTAINS PHENYLALANINE.

注意 小心聲稱

「幫助避免蛀牙」還可以，「令牙齒強健」可能是不停咀嚼的效果。

Acesulfame K（甜味劑）

用阿斯巴甜作甜味劑的產品都要加上苯酮尿症患者小心的字句（見甜味劑）。

車厘子及榛子

宜　有機認證
organic certified by Ecocert SA

奇異果汁軟心橡皮糖

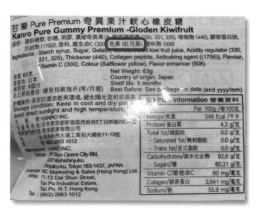

大忌　色素（紅花黃）

果汁糖

注意 Hydrogenated......(Coconut Oil)
（氫化脂肪）

氫化的椰子油幾乎是全飽和脂肪。

大忌 Colours (E102......E110)

E133 藍色合成色素，歐盟
各國禁用。

沒有標籤

E102 合成色素，黃色；E124 紫
色，由胭脂蟲的甲殼提煉出來，
可能會引致敏感反應；E132 合成
色素，某些國家禁用；E110 合成
色素，日落黃，某些國家禁用。

水果糖

大忌 食用天然色素（E120......E160c）

E120 胭脂紅昆蟲殼提煉出來，美國
禁用，一些人會有敏感反應

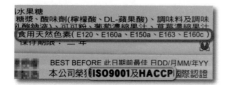

注意 天然色素

天然色素，包括來
自植物、昆蟲和礦
物。其中一些亦可能
會引致敏感反應的。

宜 食用天然色素（E120......E160c）

E160a 胡蘿蔔、E163 花色素苷類、
E160c 辣椒粉

ISO9001及Haccp（產品監控）

產品生產監控

平和 食用天然色素
（E120......E160c）

E150a 醬色

雜果味糖

Flavoring,Colors(E100(i),
E140,E163)
配料：糖，澱粉糖漿，
煉奶，酸味劑(E330)，
調味料及調味劑，
色素(E100(i)，E140，
E163)
淨重 Net weight：85g

 宜 **色素（E100(i)......E163）**

E100 天然黃色色素；E140 葉綠素的綠色；E163 天然花果的紫色

朱古力糖

Crisp malt centres covered with smooth milk chocolate
...no ordinary chocolate!
NET WT/淨重

平和 **植物油（棕櫚油）**

用的植物油是棕櫚油，而不是氫化植物油，應不含反式脂肪，但幾乎全是飽和脂肪。

牛奶巧克力,內層香脆麥心
配料：牛奶巧克力(白砂糖、可可脂、可可液塊、脫脂奶粉、乳糖、乳脂肪、
植物油(棕櫚油及酪脂樹油)、乳化劑(大豆卵磷脂)、人造調味料)、小麥葡萄糖漿、
大麥麥芽提取物、脫脂奶粉、乳脂肪、白砂糖、植物油(棕櫚油) 小麥蛋白粉、
膨脹劑(碳酸氫鉀、碳酸氫鈉)、果膠。可能含有花生成份
　　　　巧克力
成份：牛奶巧克力(砂糖、可可脂、可可塊、脫脂奶粉、乳糖、乳脂、
植物性脂肪、乳化劑(大豆卵磷脂)、香料)、葡萄糖漿、麥芽抽出物、
脫脂奶粉、乳脂、砂糖、植物性脂肪、穀蛋白、膨脹劑(碳酸氫鉀、
碳酸氫鈉)、果膠　　可能含有花生
進口商：
地址：
消費者服務專線：
保存方式：請保存於陰涼乾燥之處，避免陽光直射
®Registered Trademark.

朱古力

 Vegetable Fat（植物脂肪）

含有反式脂肪

> A MARS® BAR CONTAINS MILK CHOCOLATE 40%. NOUGAT 33% AND CARAMEL 27%. INGREDIENTS: SUGAR, GLUCOSE SYRUP (SOURCES INCLUDE WHEAT), MILK SOLIDS, VEGETABLE FAT, COCOA BUTTER, COCOA MASS, BARLEY MALT EXTRACT, COCOA POWDER, EMULSIFIER (SOY LECITHIN), SALT, EGG WHITE, FLAVOUR. MILK CHOCOLATE CONTAINS A MINIMUM OF 25% COCOA SOLIDS AND 22% MILK SOLIDS. MAY CONTAIN PEANUTS AND TREENUTS.

注意 Cocoa Butter（可可油）

一些較廉價的朱古力會用其他油脂來代替可可油（稱為代可可脂）。這些通常是一些固體的植物油脂，如椰子油、棕櫚油或經氫化的大豆油。所以如果沒有營養標籤或標籤上沒有反式脂肪的含量，那消費者便要小心了。

解說 Cocoa Butter（可可脂）
A minimum of 25% Cocoa Solids　　（最少25%可可漿）

可可籽（可可樹的種籽）經發酵和烘乾後，可提煉出兩種重要的元素：可可油（cocoa butter）和可可漿（cocoa solids 或 cocoa mass）。可可漿是朱古力的主要原料，高品質的朱古力，可可的成分是比較高的（70% 或以上）。在生產朱古力的時候，會另外加入可可油、糖和奶來造成不同效果的產品（如 Milk Chocolate）。

朱古力條

產品類型：脆心巧克力（代可可脂）
配料：白砂糖 代可可脂 小麥粉，脫脂奶粉，可可粉，全脂奶粉，乳化劑(大豆磷脂)，膨鬆劑/膨脹劑(E500ii, E170i)，食鹽，食用香料/調味劑。(可能含微量花生、果仁和芝麻)
Product type: Chocolate with crispy centre (Cocoa butter replacer)
Ingredients: Sugar cocoa butter replacer, wheat flour, skimmed milk powder, cocoa powder, full cream milk powder, emulsifier (soya lecithin), raising agents (E500ii, E170i), salt, flavouring. (May contain traces of peanut, nuts and sesame)

大忌 代可可脂Cocoa Butter Replacer

所謂代可可脂，即是用其他的油脂來代替可可油（見可可籽）。

平和 可可油

可可油有高水平的飽和脂肪，故在室溫中是固體的（>60% 飽和脂肪，油脂酯（Stearic Acid）），另外 36% 是單元非飽和脂肪。雖然有高水平的飽和脂肪，但因為油脂酯在肝臟內，會被轉化成單元非飽和脂肪，故適量的食用，是不會增加體內的膽固醇的。

無糖軟糖

大忌 Flavours（調味料）

沒有列明用的是甚麼調味料

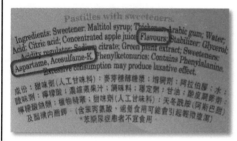

Aspartame, Acesulfame-K
（化學糖）

化學糖

朱古力豆

大忌 Vegetable Fat（植物脂肪）

含有反式脂肪

大忌 Titanium Dioxide,......Brilliant Blue（色素）

大量色素

解說 色素

最好選擇沒有顏色的可可產品，
可避免食用人造色素。

可可油含量

在香港售賣的可可產品，大多數
並未有貼上營養標籤的，但這情
況應會改善。

NUTRITION INFORMATION	
*Average Quantities/ ปริมาณโดยเฉลี่ย	Per 100g*/ ต่อ 100g/กรัม
ENERGY/ พลังงาน	2182 kJ/ กิโลจูล
PROTEIN/ โปรตีน	9g/ กรัม
FAT/ ไขมันทั้งหมด	27g/ กรัม
CARBOHYDRATE/ คาร์โบไฮเดรต	62g/ กรัม

參考資料

[1] Kesavan, P.C., Swaminathan, M.S. *Cytotoxic and mutagenic effects of irradiated substrates and food material.* Radiation Botany, 11:253-181, 1971.

[2] Delincee, H. and Pool-Zobel, B. *Genotoxic properties of 2-dodecylcyclobutanone, a compound formed on irradiation of food containing fat.* Radiation Physics and Chemistry, 52: 39-42, 1998.

[3] FDA Memorandum, from Kim Morehouse, Ph.D. to William Trotter, Ph.D. April 11, 2000.

[4] http://eurlex.europa.eu/LexUriServ/site/en/oj/2006/c_230/c_23020060923en00280045.pdf)

[5] http://www.cfsan.fda.gov/~dms/benzdata.html

[6] Chao, A., Thun, M.J., Connell, C.J., McCullough, M.L., Jacobs, E.J., Flanders, W.D., Rodriguez, C., Shinha, R. and Calle, E.E., 2005. *Meat Consumption and risk of colorectal cancer. Journal of America Medical Association* 293（2）: 233-4

[7] Jiang, R., Palk, D.C., Hankinson, J.L. and Barr, G., 2007. *Cured meat consumption, lung function, and chronic obstructive pulmonary disease among United States adults. American Journal of Respiratory and Critical Care Medicine* 175: 798-804

[8] Kahl, R., Kappus, H.Z. 1993. *Toxicology of the synthetic antioxidants BHA and BHT in comparison with the natural antioxidant vitamin E.* Lebensm Unters Forsch. 196:329-38.

[9] Bauer A.K., Dwyer-Nield L.D., Keil K., Koski K., Malkinson A.M. 2001 *Butylated hydroxytoluene（BHT）induction of pulmonary inflammation: a role in tumor promotion. Experimental Lung Research,* 27（3）, 197-216

[10] Meyer, O., Hansen, E. 1980. *Behavioural and development effects of butylated hydroxytoluene dosed to rats in utero and in the lactation period. Toxicology.* 16:247-58

[11] Conacher, H.B., Iverson, F., Lau, P.Y. and Page, B.D. 1986. *Levels of BHA and BHT in human and animal adipose tissues: Interspecies extrapolation.* Food Chem. Toxicol. 24: 1159-62.

[12] http://www.babyfriendly.org.hk/index.php?tn= content&nid=34&lang=us

[13] McMillan, J. A., Feigin, R. D. et al., 2006 *Oski's Pediatrics: Principles & Practice*

[14] Dietary Reference Intakes for Thiamin, Riboflavin, Niacin,Vitamin B6, Folate, Vitamin B12, Pantothenic Acid, Biotin and choline. *A Report of the Standing Committee on the Scientific Evaluation of Dietary Reference Intakes and its Panel on Folate, Other B Vitamins, and Choline and Subcommittee on Upper Reference Levels of Nutrients.* Food and Nutrition Board. Institute of Medicine. National Academy Press. Washington, D.C. 1998.

[15] *Dietary Reference Intakes for Calcium, Phosphorus, Magnesium, Vitamin D and Fluoride. Standing Committee on the Scientific Evaluation of Dietary Reference Intakes.* Food and Nutrition Board. Institute of Medicine. National Academy Press. Washington, D.C. 1997.

[16] Wang, B., 2007 Dietary sialic acid supplementation improves learning and memory in piglets. *American Journal of Clinical Nutrition.* 85: 561 - 9.

[17] Larry K. Pickering et al, 1998 *Modulation of the Immune System by Human Milk and Infant Formula Containing Nucleotides,* PEDIATRICS Vol. 101 pp. 242-249

[18] L. M'Rabet, A. P. Vos, G. Boehm, and J. Garssen, *Breast-Feeding and Its Role in Early Development of the Immune System in Infants: Consequences for Health Later in Life.* J. Nutr., September 1, 2008; 138(9): 1782S - 1790S.

[19] Newman, J. 1995. *How Breast Milk Protects Newborns,* 1995. Scientific American. Volume 273 Number 6 Page 76

[20] *Journal of Paediatric Child Health* 2002; 38: 373-76

[21] Tareke, E., Rydberg, P.., Karlsson, P., Eriksson, S. and Tornqvist, M. 2002, *Analysis of acrylamide, a carcinogen formed in heated foodstuffs. Journal of Agriculture and Food Chemistry* 50（17）4998-5006

[22] Mottram, D.S., Bronislaw, L.W. & Dodson, A.T. *Acrylamide is formed in the Maillard reaction.* Nature, 419, 448 - 449,（2002）.

[23] McCann, D., Barrett, A., Cooper, A., Crumpler, D., Dalen, L. and Grimshaw, K., 2007. *Food additives and hyperactive behaviour in 3-year-old and 8/9 year-old children in the community a randomized,* double-blinded, placebo-controlled *trial,* The Lancet, 370: 1560-70

有用網址

香港標籤法

營養資料標籤制度

食用份量

食品法典有關營養標籤的指引

著者
鄺易行博士

責任編輯
謝妙華

封面設計
鍾啟善

裝幀設計
羅美齡

排版
辛紅梅

出版者
萬里機構出版有限公司
香港北角英皇道499號北角工業大廈20樓
電話：2564 7511　　傳真：2565 5539
電郵：info@wanlibk.com
網址：http://www.wanlibk.com
　　　http://www.facebook.com/wanlibk

發行者
香港聯合書刊物流有限公司
香港荃灣德士古道220-248號荃灣工業中心16樓
電話：2150 2100　　傳真：2407 3062
電郵：info@suplogistics.com.hk

承印者
中華商務彩色印刷有限公司
香港新界大埔汀麗路36號

出版日期
二〇二〇年十一月第一次印刷
二〇二四年七月第二次印刷

規格
32開（142mm×210mm）